Matemática para o Ensino Fundamental

Caderno de Atividades
8º ano
volume 3

1ª Edição

Manoel Benedito Rodrigues
Carlos Nely C. de Oliveira

São Paulo
2020

Digitação, Diagramação :   Sueli Cardoso dos Santos - suly.santos@gmail.com
Elizabeth Miranda da Silva - elizabeth.ms2015@gmail.com

www.editorapolicarpo.com.br
contato: contato@editorapolicarpo.com.br

Dados Internacionais de Catalogação, na Publicação (CIP)

(Câmara Brasileira do Livro, SP, Brasil)

Rodrigues, Manoel Benedito. Oliveira, Carlos Nely C. de.

Matématica / Manoel Benedito Rodrigues. Carlos Nely C. de Oliveira.
- São Paulo: Editora Policarpo, **1ª Ed. - 2020**
ISBN: 978-85-7237-014-1
1. Matemática 2. Ensino fundamental
I. Rodrigues, Manoel Benedito II. Oliveira, Carlos Nely C. de.
III. Título.

Índices para catálogo sistemático:

Todos os direitos reservados à:
EDITORA POLICARPO LTDA
Rua Dr. Rafael de Barros, 175 - Conj. 01
São Paulo - SP - CEP: 04003-041
Tel./Fax: (11) 3288 - 0895
Tel.: (11) 3284 - 8916

Índice

| I | OPERAÇÕES COM FRAÇÕES ALGÉBRICAS..01 |

| II | QUADRILÁTEROS...37 |

| III | CONSTRUÇÕES GEOMÉTRICAS..53 |

I OPERAÇÕES COM FRAÇÕES ALGÉBRICAS

Minímo múltiplo comum (mmc) e máximo divisor comum (mdc) de polinômios.

Vamos considerar polinômios não nulos.

Dizemos que um polinômio é múltiplo e divisor dele próprio.

Quando ele estiver na forma fatorada dizemos que:

I) Ele é múltiplo de qualquer um de seus fatores ou do produto de um número qualquer deles.

II) São divisores dele, qualquer um de seus fatores ou o produto de um número qualquer deles.

Exemplo: Considere o polinômio $P(x) = 8x^4 - 18x^2$

$P(x) = 2x^2(4x^2 - 9) \Rightarrow P(x) = 2x^2(2x + 3)(2x - 9)$

Note que $P(x)$ é múltiplo de $2x$; $2x^2$; $(2x + 3)$; $2x^2(2x + 3)$; $(4x^2 - 9)$, etc

E que todas essas expressões são divisores de $P(x)$.

Para determinarmos o **mmc** e **mdc** de vários polinômios, fatoramos todos os não monômios, completamente, e obtemos:

I) O **mmc** tomando todos os fatores, apenas uma vez cada, com o maior expoente com que aparecem nas fatorações.

II) O **mdc**, tomando apenas os fatores comuns a todos os polinômios (Então, são os com menores expoentes).

Exemplos:

1) $4x^2y^3$; $8x^5z^2$, $6x^4z^7$ $\Rightarrow$ mmc = $24x^5y^3z^7$; mdc = $2x^2$

---

2) $8x^3 - 16x^2y + 8xy^2$; $12x^2y - 12y^3$; $20x^6 - 20x^3y^3$

$8x(x^2 - 2xy + y^2)$; $12y(x^2 - y^2)$; $20x^3(x^3 - y^3)$

$8x(x - y)^2$, $12y(x + y)(x - y)$; $20x^3(x - y)(x^2 + xy + y^2)$

mmc = $120x^3y(x - y)^2(x + y)(x^2 + xy + y^2)$; mdc = $4(x - y)$

---

3) $8x^4 + 8x^3 + 2x^2$; $12x^5 - 12x^4 + 3x^3$; $20x^6 - 5x^4$

$2x^2(4x^2 + 4x + 1)$; $3x^3(4x^2 - 4x + 1)$; $5x^4(4x^2 - 1)$

$2x^2(2x + 1)^2$; $3x^3(2x - 1)^2$; $5x^4(2x + 1)(2x - 1)$

mmc = $30x^4(2x + 1)^2(2x - 1)^2$; mdc = x^2

Frações algébricas

Expressões algébricas racionais fracionárias (frações algébricas) são expressões do tipo

$$\frac{8x^2}{3y} \quad , \quad 5yx^{-3} = \frac{5y}{x^3} \quad , \quad \frac{x-5y}{3x+y} \quad e \quad \frac{x^2-5x-1}{x^2-16}$$

Multiplicação

Usamos a propriedade $\frac{a}{b} \cdot \frac{c}{d} = \frac{ac}{bd}$ para simplificar expressões que contêm multiplicação de frações algébricas. Antes de efetuar as multiplicações é conveniente verificar se é possível efetuar simplificações.

Para isto é necessário que numeradores e denominadores estejam fatorados.

Exemplos:

1) $\frac{2x}{3y} \cdot \frac{4x^2}{5y} = \frac{8x^3}{15y^2}$

2) $\frac{2x^4}{5x^6} \cdot \frac{y^7}{7y^4} = \frac{2}{5x^2} \cdot \frac{y^3}{7} = \frac{2y^3}{35x^2}$

3) $\frac{x+y}{x} \cdot \frac{x+y}{x-y} = \frac{x^2+2xy+y^2}{x^2-xy}$

4) $\frac{2(x+y)}{3x(x-y)} \cdot \frac{(x+y)(x-y)}{2y(x+y)} = \frac{x+y}{3xy}$

5) $\frac{x^2-y^2}{x^2-2xy+y^2} \cdot \frac{4x^2-4xy}{4x-8} = \frac{(x+y)(x-y)}{(x-y)^2} \cdot \frac{4x(x-y)}{4(x-2)} = \frac{x+y}{1} \cdot \frac{x}{x-2} = \frac{x^2+xy}{x-2}$

---

1 Efetuar as multiplicações (simplificar antes, se possível).

a) $\frac{3x^2}{4y} \cdot \frac{5x}{y^2} =$

b) $\frac{3x^4}{7x^2} \cdot \frac{2y}{5y^2} =$

c) $\frac{2x}{x-y} \cdot \frac{x+y}{3y} =$

d) $\frac{2(x+y)}{3y} \cdot \frac{x}{(x+y)} =$

e) $\frac{2(x-2)}{(x-3)} \cdot \frac{(x+2)}{3x(x-2)} =$

f) $\frac{(x-y)^2}{3(x+y)} \cdot \frac{3x}{5(x-y)} =$

g) $\frac{2x-4}{x^2-4x+4} \cdot \frac{x^2-4}{x^2-x-6}$

h) $\frac{x^2-y^2}{x^2+xy} \cdot \frac{x^3}{xy-y^2} =$

i) $\frac{2x-2}{x^2+2x-3} \cdot \frac{x^2-9}{x^2-2x-3}$

j) $\frac{x^2-25}{x^2-2x-35} \cdot \frac{x^2-14x+49}{x^2-12x+35} =$

Frações algébricas

Divisão

Usamos a propriedade $\dfrac{a}{b} : \dfrac{c}{d} = \dfrac{a}{b} \cdot \dfrac{d}{c}$ para simplificar expressões que contêm divisão de frações algébricas. É conveniente verificar se é possível efetuar simplificações. Para isto é necessário que numeradores e denominadores estejam fatorados.

Exemplos:

1) $\dfrac{2x}{7y^3} : \dfrac{5y}{3x^2} = \dfrac{2x}{7y^3} \cdot \dfrac{3x^2}{5y} = \dfrac{6x^3}{35y^4}$

2) $\dfrac{6x^4}{15y^7} : \dfrac{8x^3}{10y^4} = \dfrac{6x^4}{15y^7} \cdot \dfrac{10y^4}{8x^3} = \dfrac{2x}{5y^3} \cdot \dfrac{5}{4} = \dfrac{x}{2y^3}$

3) $\dfrac{x^2-9}{x^2+7x+12} : \dfrac{x^2-x-6}{x^2+2x-8} = \dfrac{(x+3)(x-3)}{(x+3)(x+4)} \cdot \dfrac{(x+4)(x-2)}{(x-3)(x+2)} = \dfrac{x-2}{x+2}$

---

2 Efetuar as divisões, nos casos:

a) $\dfrac{3ax}{4by} : \dfrac{2b}{3x^2}$

b) $\dfrac{4x^3}{15y^4} : \dfrac{6x}{5y^3}$

c) $\dfrac{51x^4}{y} : 34x^6$

d) $\dfrac{x^2-9y^2}{x^2-2xy-15y^2} : \dfrac{x^2-6xy+9y^2}{x^2+2xy-15y^2}$

e) $\dfrac{2x^2-10x}{x^2+xy} : \dfrac{x^2+2x-35}{4x^2+28x}$

f) $\dfrac{x^2+8x-9}{x^2-x} : \dfrac{3x^2+27x}{x+1}$

g) $\dfrac{x^2+3x-40}{5x^2-15x} : \dfrac{7x^2-35x}{x^2+5x-24}$

3 Simplificar as seguintes expressões:

a) $\dfrac{x^2-25}{x^2-x-72} \cdot \dfrac{x^2-x-56}{4x^2-40x} \cdot \dfrac{8x^2+64x}{x^2+10x+25} \cdot \dfrac{x^2-5x-50}{x^2-13x+40}$

b) $\left(\dfrac{x^2-2ax-48a^2}{x^2-49a^2} : \dfrac{x^2-14ax+48a^2}{x^2+4ax-21a^2} \right) \cdot \left(\dfrac{x^2+2ax-63a^2}{x^2+5ax-6a^2} : \dfrac{x^2+3ax-54a^2}{x^2-12ax+36a^2} \right)$

c) $\left(\dfrac{6x^2-9ax-4xy+6ay}{4x^2-6xy-6ax+9ay} : \dfrac{12x^2-8xy-3ay+2ay}{8ax-12ay-2x^2+3xy} \right) : \dfrac{4ax-x^2-4a^2+ax}{4x^2-ax+4ax-a^2}$

d) $\dfrac{x^2-4y^2+9a^2-6ax}{3x^2y-9axy-6xy^2} : \left(\dfrac{8x^3+12ax^2+18a^2x+27a^3}{16x^4-81a^4} : \dfrac{6x^2+9ax}{3ay-xy-2y^2} \right)$

4

Frações algébricas

Adição e subtração

Fazemos a adição e subtração de numeradores de frações algébricas, quando as frações têm denominadores iguais. Se as frações envolvidas não têm denominadores iguais é necessário reduzi-las a um denominador comum, determinando para isto, o mínimo múltiplo comum dos denominadores.

Exemplos:

1) $\dfrac{x}{x-y} + \dfrac{y}{x-y} = \dfrac{x+y}{x-y}$

2) $\dfrac{x^2}{x+2} - \dfrac{4}{x+2} = \dfrac{x^2-4}{x+2} = \dfrac{(x+2)(x-2)}{x+2} = x-2$

3) $\dfrac{x-1}{x+1} - \dfrac{x+1}{x-1} + \dfrac{2x^2+2}{x^2-1} =$

mmc $= (x+1)(x-1)$

$\dfrac{(x-1)^2 - (x+1)^2 + 2x^2 + 2}{(x+1)(x-1)} =$

$\dfrac{x^2 - 2x + 1 - x^2 - 2x - 1 + 2x^2 + 2}{(x+1)(x-1)} =$

$\dfrac{2x^2 - 4x + 2}{(x+1)(x-1)} = \dfrac{2(x^2 - 2x + 1)}{(x+1)(x-1)} =$

$= \dfrac{2(x-1)^2}{(x+1)(x-1)} = \dfrac{2(x-1)}{x+1}$

4) $\dfrac{x-2}{x+2} - \dfrac{x}{x-2} - \dfrac{2}{2-x} =$

$\dfrac{x-2}{x+2} - \dfrac{x}{x-2} + \dfrac{2}{x-2} =$

$\dfrac{(x-2)^2 - x(x+2) + 2(x+2)}{(x+2)(x-2)} =$

$\dfrac{x^2 - 4x + 4 - x^2 - 2x + 2x + 4}{(x+2)(x-2)} =$

$\dfrac{-4x + 8}{(x+2)(x-2)} = \dfrac{-4(x-2)}{(x+2)(x-2)} = \dfrac{-4}{x+2}$

---

4 Determinar o máximo divisor comum (mdc) é o mínimo múltiplo comum (mmc) das expressões dadas, nos casos:

a) $x^2 y^3 z$, $x^4 y^2 z^2$, $x^3 y^5$

b) $9x^2 y$, $12xy^3$, $18x$

c) $4x(x+2)(x-2)$, $6x(x-2)^2$

d) $18x^2(x-y)^2$, $27x(x+y)$

e) $8x(x+y)(x-y)$, $6xy(x+y)^2$, $12y(x-y)^2$

Resp: **1** a) $\dfrac{15x^3}{4y^3}$ b) $\dfrac{6x^2}{35y}$ c) $\dfrac{2x^2 + 2xy}{3xy - 3y^2}$ d) $\dfrac{2x}{3y}$ e) $\dfrac{2x+4}{3x^2 - 9x}$ f) $\dfrac{x^2 - xy}{5x + 5y}$ g) $\dfrac{2}{x-3}$ h) $\dfrac{x^2}{y}$

i) $\dfrac{2}{x+1}$ j) 1   **2** a) $\dfrac{9ax^3}{8b^2 y}$ b) $\dfrac{2x^2}{9y}$ c) $\dfrac{3}{2x^2 y}$ d) $\dfrac{x+5y}{x-5y}$ e) $\dfrac{8x}{x+y}$ f) $\dfrac{x+1}{3x^2}$ g) $\dfrac{x^2 + 16x + 64}{35x^2}$

5 Determinar o mdc e mmc das expressões, nos casos:

a) $x^2 - 2x$, $x^2 - 4$, $x^2 - 4x + 4$

b) $4x^3 + 4x^2$, $6x^3 + 12x^2 + 6x$, $8x^3 - 8x$

c) $x^2 - x - 6$, $x^2 - 9$, $x^2 - 6x + 9$, $x^2 + x - 6$

d) $2bx - 2ab - ax + a^2$, $2bx - 2b^2 - ax + ab$, $8ab - 4a^2$, $12b^2 - 6ab$

6 Efetuar as seguintes adições e subtrações:

a) $\dfrac{2x}{x+a} + \dfrac{3x}{x+a} =$

b) $\dfrac{x}{x+y} - \dfrac{y}{x+y} =$

c) $\dfrac{3x}{x+y} - \dfrac{2x-y}{x+y} =$

d) $\dfrac{3y}{x-y} + \dfrac{x-2y}{x-y} =$

e) $\dfrac{x^2+4}{x^2-4} + \dfrac{4x}{x^2-4} =$

f) $\dfrac{x^2+y^2}{x^2-y^2} - \dfrac{2xy}{x^2-y^2} =$

g) $\dfrac{2x^2-7}{x^2+2x+1} - \dfrac{x^2-6}{x^2+2x+1} =$

h) $\dfrac{10-9x-2x^2}{x^2-9} - \dfrac{1-3x-3x^2}{x^2-9} =$

7 Simplificar as seguintes expressões:

a) $\dfrac{(3x-1)(2x-4)}{12(x+2)(x-2)} - \dfrac{(x-4)(3x+6)}{12x(x+2)(x-2)} + \dfrac{33x^2 + 4(8x-7)}{12x(x+2)(x-2)} - \dfrac{12x(x+2)}{12x(x+2)(x-2)} + \dfrac{12x(2-x)}{12x(x+2)(x-2)} =$

b) $\dfrac{x}{x-a} - \dfrac{a}{x+a} + \dfrac{2ax}{x^2-a^2} =$

$\overline{(x+a)(x-a)}$

c) $\dfrac{x+2}{x+1} - \dfrac{1+2x-x^2}{x^2-1} - \dfrac{x}{x-1} =$

$\overline{(x+1)(x-1)}$

d) $\dfrac{x-2}{x+3} - \dfrac{x+2}{x-3} - \dfrac{39-x^2}{x^2-9} =$

e) $\dfrac{2x+5}{x+3} - \dfrac{x^2+22x+57}{x^2+6x+9} =$

f) $\dfrac{1}{x^2-2xy+y^2} - \dfrac{2}{x^2-y^2} - \dfrac{1}{x^2+2xy+y^2} =$

Resp: **3** a) $\dfrac{2x+14}{x-9}$ b) $\dfrac{x-3a}{x-a}$ c) $\dfrac{x+a}{x-a}$ d) $\dfrac{9a^2-4x^2}{y^2}$ **4** a) x^2y^2, $x^4y^5z^2$ b) $3x$, $36x^2y^3$

c) $2x(x-2)$, $12x(x+2)(x-2)^2$ d) $9x$, $54x^2(x+y)(x-y)^2$ e) 2, $24xy(x+y)^2(x-y)^2$

8 Simplificar as seguintes expressões:

a) $\dfrac{x^2+8}{x^2-16} + \dfrac{x-1}{4-x} + \dfrac{x+2}{x+4}$

b) $\dfrac{2x^2+36}{x^2-9} - \dfrac{x+4}{3-x} - \dfrac{2x-3}{x+3}$

c) $\dfrac{x+2}{x+1} + \dfrac{x-2}{1-x} - \dfrac{2}{x^2-1}$

d) $\dfrac{2x-1}{x+2} + \dfrac{3(x+1)}{4-x^2} - \dfrac{x-4}{x-2}$

e) $\dfrac{3x^2+3y^2}{x^2-y^2} - \dfrac{2x-y}{y-x} + \dfrac{x-2y}{-x-y}$

f) $\dfrac{3x-2}{2x} + \dfrac{x+5}{2x-4x^2} - \dfrac{3x-7}{2x-1}$

9 Simplificar as seguintes expressões:

a) $\left(\dfrac{6x^2 + 8x - 20}{x^2 + 4x - 5} + \dfrac{2x - 3}{1 - x} - \dfrac{3x + 2}{x + 5} \right) \cdot \left(\dfrac{2x - 1}{x + 3} + \dfrac{x + 3}{3 - x} + \dfrac{19x + 11}{x^2 - 9} \right)$

b) $\left(\dfrac{2x - 3}{x + 2} - \dfrac{2x}{2 - x} - \dfrac{3x^2 - 4x + 18}{x^2 - 4} \right) : \left(\dfrac{6x^2 + 2x - 2}{x^2 + 2x - 8} - \dfrac{3x}{x + 4} + \dfrac{2x + 1}{2 - x} \right)$

Resp: **5** a) $(x - 2)$; $x(x + 2)(x - 2)^2$ b) $2x(x + 1)$; $24x^2(x + 1)^2(x - 1)$ c) 1 ; $(x + 2)(x - 2)(x + 3)(x - 3)^2$
d) $(2b - a)$; $12ab(2b - a)(x - a)(x - b)$ **6** a) $\dfrac{5x}{x + a}$ b) $\dfrac{x - y}{x + y}$ c) $\dfrac{y}{x + y}$ d) $\dfrac{x + y}{x - y}$ e) $\dfrac{x + 2}{x - 2}$ f) $\dfrac{x - y}{x + y}$
g) $\dfrac{x - 1}{x + 1}$ h) $\dfrac{x - 3}{x + 3}$ **7** a) $\dfrac{1}{x - 2}$ b) $\dfrac{x + a}{x - a}$ c) $\dfrac{x - 3}{x - 1}$ d) $\dfrac{x - 13}{x - 3}$ e) $\dfrac{x - 14}{x + 3}$ f) $\dfrac{-2x^2 + 4xy + 2y^2}{(x + y)^2(x - y)^2}$

10 Em cada caso é dada uma expressão **E** na variável real **x**. Determinar o conjunto de números reais que **x** não pode assumir para que exista a expressão **E**.

a) $E = \dfrac{3}{x-1} + \dfrac{5}{x-3}$

b) $E = \dfrac{x+2}{x+1} - \dfrac{x+3}{x+2} + \dfrac{5}{x}$

c) $E = \dfrac{x+1}{7} - \dfrac{3x-1}{5}$

d) $E = \dfrac{x+2}{x^2+1} - \dfrac{x-5}{x^2+4} + \dfrac{1}{7}$

e) $E = \dfrac{x-3}{x^2+5} + \dfrac{7}{x^2}$

f) $E = \dfrac{x+3}{2x-8} - \dfrac{x-5}{3x+9}$

g) $E = \dfrac{1}{x-1} - \dfrac{2}{x+1} - \dfrac{x+2}{x^2-1}$

h) $E = \dfrac{5}{x^2-4} - \dfrac{6x}{x^2+6x+9}$

i) $E = \dfrac{x^2-5}{2x+7} - \dfrac{x+2}{3x-5} - \dfrac{1}{x}$

j) $E = \dfrac{x+9}{3x-2} - \dfrac{x}{2x+3} - \dfrac{1}{x^2+4}$

k) $E = \left(\dfrac{x+2}{x-2} - \dfrac{x}{x+2}\right) : \dfrac{x-5}{x-1}$

l) $E = \dfrac{x^2+4}{x^2-4} : \dfrac{x^2-7x-30}{x^2-16}$

11 Dada a expressão **E** na variável real **x**, determine o domínio de validade (ou apenas domínio ou campo de valores toleráveis) de **E**, nos casos:

a) $E = \dfrac{x-7}{x-2} - \dfrac{x+8}{x-5}$

b) $E = \dfrac{x+5}{x^2-9} - \dfrac{2}{x+3} - \dfrac{3}{x-3}$

c) $E = \dfrac{x}{x^2+1} + \dfrac{5}{x^2+3}$

d) $E = \dfrac{2}{x+3} - \dfrac{x}{x^2-6x+9} - \dfrac{x^2}{2x-7}$

e) $E = \left(\dfrac{x}{3x+5} - \dfrac{5}{x}\right) : \dfrac{x-4}{x-5}$

f) $E = \left(\dfrac{x^2-1}{x} - \dfrac{x^2-9}{x^2-x-42}\right) : \dfrac{x^2-4}{x^2+5}$

12 Determinar o valor numérico da expressão **E**, nos casos:

a) $E = \dfrac{x+2}{x-2}$, para $x = 4$

b) $E = \dfrac{5-x}{x+3}$, para $x = -2$

c) $E = \dfrac{x+7}{x-5}$, para $x = 5$

d) $E = \dfrac{x^2 - x - 2}{x-2}$, para $x = 2$

e) $E = \dfrac{x-2}{x+2}$, para $x = 2$

f) $E = \dfrac{2x-1}{x+2}$, para $x = 3$

13 Determinar o valor numérico da expressão dada, nos casos:

(É conveniente, primeiramente, simplificar as expressões algébricas).

a) $E = \dfrac{x+3}{x-1} - \dfrac{x^2 - 7x - 2}{x^2 - 1} + \dfrac{x-2}{x+1}$, para $x = 33$

b) $E = \dfrac{2x-3}{x+5} - \dfrac{3x-2}{x-2} - \dfrac{51 - 18x - 2x^2}{x^2 + 3x - 10}$, para $x = 22$

c) $E = \dfrac{x+3}{2x-6} - \dfrac{6x+6}{x^2 - 9} - \dfrac{x-3}{3x+9}$, para $x = 21$

Resp: **8** a) $\dfrac{x-1}{x+4}$ b) $\dfrac{x+13}{x-3}$ c) $\dfrac{2}{x+1}$ d) $\dfrac{x-2}{x+2}$ e) $\dfrac{4x}{x-y}$ f) $\dfrac{3}{2x}$ **9** a) $\dfrac{x+1}{x-3}$ b) $\dfrac{x^2 + 8x + 16}{x^2 + 4x + 4}$

Equações fracionárias

Exemplos:

1) $\dfrac{x-2}{x-1} - \dfrac{7}{x^2-1} = \dfrac{x-3}{x+1}$

i) Determinamos o mmc dos denominadores:

mmc = $(x+1)(x-1)$.

ii) Determinamos o domínio de validade D (conjunto dos valores que as variáveis podem assumir de modo que as frações algébricas tenham sentido). Os valores de **x** que anulam o mmc são os valores de **x** que anulam os denominadores.

$D = R - \{-1, 1\}$

iii) Eliminando os denominadores, obtemos:

$(x+1)(x-2) - 7 = (x-1)(x-3)$

$x^2 - x - 2 - 7 = x^2 - 4x + 3$

$3x = 12 \Rightarrow x = 4$

$4 \in D \Rightarrow V = \{4\}$

2) $\dfrac{x+3}{2x-4} - \dfrac{x+8}{x^2-4} = \dfrac{x+5}{x+2}$

i) Fatoramos os denominadores:

$2x - 4 = 2(x-2)$

$x^2 - 4 = (x+2)(x-2)$

ii) mmc = $2(x+2)(x-2)$

$2(x+2)(x-2) = 0 \Rightarrow x = -2$ ou $x = 2 \Rightarrow$

$\Rightarrow D = R - \{-2, 2\}$

iii) Eliminamos os denominadores:

$(x+2)(x+3) - 2(x+8) = 2(x-2)(x+5)$

$x^2 + 5x + 6 - 2x - 16 = 2(x^2 + 3x - 10)$

$x^2 + 3x - 10 = 2x^2 + 6x - 20 \Rightarrow$

$x^2 + 3x - 10 = 0 \Rightarrow$

$(x+5)(x-2) = 0 \Rightarrow$

$x + 5 = 0$ ou $x - 2 = 0 \Rightarrow$

$x = -5$ ou $x = 2$

$2 \notin D$, $-5 \in D \Rightarrow V = \{-5\}$

3) $\dfrac{x+3}{x^2-2x-3} - \dfrac{x-2}{x^2-1} = \dfrac{2-x^2}{x^2-4x+3} + \dfrac{4x^2+9x-23}{x^3-3x^2-x+3}$

i) Fatoramos os denominadores:

$x^2 - 2x - 3 = (x-3)(x+1)$; $x^2 - 1 = (x+1)(x-1)$; $x^2 - 4x + 3 = (x-3)(x-1)$

$x^3 - 3x^2 - x + 3 = x^2(x-3) - 1(x-3) = (x-3)(x^2-1) = (x-3)(x+1)(x-1)$

ii) mmc = $(x-3)(x+1)(x-1) \Rightarrow D = R - \{-1, 1, 3\}$

iii) Eliminamos os denominadores:

$(x-1)(x+3) - (x-3)(x-2) = (x+1)(2-x^2) + 4x^2 + 9x - 23$

$x^2 + 2x - 3 - (x^2 - 5x + 6) = 2x - x^3 + 2 - x^2 + 4x^2 + 9x - 23$

$7x - 9 = -x^3 + 3x^2 + 11x - 21 \Rightarrow$

$x^3 - 3x^2 - 4x + 12 = 0 \Rightarrow$

$x^2(x-3) - 4(x-3) = 0 \Rightarrow$

$(x-3)(x^2-4) = 0 \Rightarrow (x-3)(x+2)(x-2) = 0 \Rightarrow$

$x - 3 = 0$ ou $x + 2 = 0$ ou $x - 2 = 0 \Rightarrow x = 3$ ou $x = -2$ ou $x = 2$

$-2 \in D$, $2 \in D$, $3 \notin D \Rightarrow V = \{-2, 2\}$

14 Resolver as seguintes equações:

a) $\dfrac{3}{4x} - \dfrac{2}{3} = \dfrac{5}{6x} - \dfrac{3}{4}$

b) $\dfrac{5}{4x} - \dfrac{2}{3x} + \dfrac{1}{6} = \dfrac{x+1}{2x}$

c) $\dfrac{5}{4} - \dfrac{x-1}{8x} - \dfrac{4-x}{6x} = \dfrac{10}{3x}$

d) $\dfrac{x-1}{2x} = \dfrac{x-2}{3x} - \dfrac{1}{4} + \dfrac{11}{6x}$

e) $\dfrac{3x-4}{6x} - \dfrac{1}{3} - \dfrac{x-8}{9x} = \dfrac{5}{6} - \dfrac{x-1}{2x}$

f) $\dfrac{2x-1}{4x} - \dfrac{1}{3} = \dfrac{5}{6} - \dfrac{3x-1}{2x}$

Resp: **10** a) {1, 3} b) {−2, −1, 0} c) ∅ d) ∅ e) {0} f) {−3, 4} g) {−1, 1} h) {−3, −2, 2} i) $\left\{-\dfrac{7}{2}, 0, \dfrac{5}{3}\right\}$

j) $\left\{-\dfrac{3}{2}, \dfrac{2}{3}\right\}$ k) {−2, 1, 2, 5} l) {−4, −3, −2, 2, 4, 10} **11** a) D = R − {2, 5} b) D = R − {−3, 3} c) D = R

d) D = R − $\left\{-3, 3, \dfrac{7}{2}\right\}$ e) D = R − $\left\{-\dfrac{5}{3}, 0, 4, 5\right\}$ f) D = R − {−6, −2, 0, 2, 7} **12** a) 3 b) 7

c) Não existe d) Não existe e) 0 f) 1 **13** a) $\dfrac{5}{4}$ b) $\dfrac{3}{4}$ c) $\dfrac{1}{9}$

15 Resolver as seguintes equações:

a) $\dfrac{2}{5} - \dfrac{x-1}{6x} - \dfrac{x+1}{2x} = \dfrac{8-x}{15x}$

b) $\dfrac{2x+3}{4x} - \dfrac{x-1}{5x} = \dfrac{1}{10} - \dfrac{2-x}{2x}$

c) $\dfrac{2x}{x-2} - \dfrac{x^2+24}{x^2-2x} = \dfrac{x-3}{x}$

d) $\dfrac{2x^2-3}{x^2-3x} - \dfrac{x-5}{x} = \dfrac{x+2}{x-3}$

e) $\dfrac{4x+1}{x^2-49} + \dfrac{2x}{x-7} - \dfrac{x}{x+7} = 1$

f) $\dfrac{x+3}{x+5} = \dfrac{3}{x-5} - \dfrac{5-x^2}{x^2-25}$

16 Resolver as seguintes equações: Observe a 2ª fração.

a) $\dfrac{4x^2}{x^2-1} + \dfrac{2x}{1-x} = \dfrac{2x-3}{x+1}$

$\dfrac{4x^2}{(x+1)(x-1)} - \dfrac{2x}{x-1} = \dfrac{2x-3}{x+1}$

b) $\dfrac{3x+2}{x} = \dfrac{x^2+8}{x^2-2x} - \dfrac{2x-1}{2-x}$

c) $\dfrac{3x}{x+4} - \dfrac{2x-1}{x-4} = \dfrac{15-x^2}{16-x^2}$

d) $\dfrac{18}{a^2-36} - \dfrac{2a-3}{6-a} = \dfrac{2a}{a+6}$

e) $\dfrac{4}{x+1} - \dfrac{x-1}{x^2+x} - \dfrac{x+1}{x^2-x} + \dfrac{2}{1-x} = 0$

Resp: **14** a) {1}   b) $\left\{\dfrac{1}{4}\right\}$ c) {3}   d) {4}   e) {−1}   f) $\left\{\dfrac{9}{10}\right\}$

17 Resolver as seguintes equações:

a) $\dfrac{x-1}{x+2} = \dfrac{2x-1}{3x+2}$

b) $\dfrac{2x^2 - 6x - 5}{2x - 3} = \dfrac{x^2 - 3x + 13}{2x - 3}$

c) $\dfrac{x-1}{x+3} - \dfrac{x+1}{x-1} + \dfrac{4}{3} = 0$

d) $\dfrac{20x + 45}{x^2 + x - 12} = \dfrac{2x+3}{x-3} - \dfrac{x-1}{x+4}$

18 Resolver as seguintes equações:

a) $\dfrac{x+2}{x-2} + \dfrac{x-4}{x+3} = 3$

b) $\dfrac{6x^2 + x - 20}{x^2 - 2x} - \dfrac{2x-1}{x-2} = \dfrac{3x+4}{x}$

c) $\dfrac{2}{x+1} + \dfrac{3}{x+2} - \dfrac{5}{x-3} = 0$

Resp: **15** a) $\left\{-\dfrac{13}{3}\right\}$ b) $\left\{\dfrac{13}{2}\right\}$ c) {6} d) ∅ e) {−2} f) ∅   **16** a) {±1} b) {−4} c) {1} d) {0} e) $\left\{-\dfrac{1}{3}\right\}$

19 Resolver as seguintes equações:

a) $\dfrac{2x-1}{x-1} - \dfrac{16-2x^2}{x^2-1} = \dfrac{3x+2}{x+1}$

b) $\dfrac{x-1}{x+2} - \dfrac{2x+1}{x-2} = \dfrac{20}{4-x^2}$

c) $\dfrac{2x-4}{x+3} + \dfrac{3x-6}{3-x} + \dfrac{18}{x^2-9} = 0$

20 Resolver as seguintes equações:

a) $\dfrac{2x+3}{x} - \dfrac{3x-1}{2x+3} - \dfrac{15x+9}{2x^2+3x} = 0$

b) $\dfrac{2x-3}{2x+3} + \dfrac{2x+3}{3-2x} = \dfrac{52-x^2}{4x^2-9}$

c) $\dfrac{3x+4}{2-x} - \dfrac{4x^2+16x+72}{4-x^2} = \dfrac{3x-2}{2+x}$

d) $\dfrac{1-x^2}{3x^2-x} + \dfrac{2x+x}{1-3x} = \dfrac{2x-2}{x}$

Resp: **17** a) {0,4}   b) {−3; 6}   c) {−2; 3}   d) {9}   **18** a) {−8; 4}   b) {−6}   c) $\left\{-\dfrac{31}{23}\right\}$

21 Resolver as seguintes equações:

a) $\dfrac{25x}{3x^2 - 2x} - \dfrac{1 - 3x}{2 - 3x} = \dfrac{2 - 4x}{x}$

b) $\dfrac{-x - 8}{x^2 - 6x + 9} = \dfrac{3x - 2}{x - 3} - \dfrac{2x - 1}{2x - 6}$

c) $\dfrac{2x - 5}{x^2 - 4x + 4} - \dfrac{3}{x - 2} = \dfrac{7(x - 2) - x^2(x - 2)}{x^3 - 6x^2 + 12x - 8}$

22 Resolver as seguintes equações:

a) $\dfrac{4x-2}{x^2-3x+2} - \dfrac{2x+5}{x^2+x-6} = \dfrac{2x-1}{x^2+2x-3}$

b) $\dfrac{2}{x-3} - \dfrac{4x-5}{x^2+3x+9} = \dfrac{x+39}{x^3-27}$

c) $\dfrac{3+9x-10x^2}{x^4-16} + \dfrac{2x-3}{x^3+2x^2+4x+8} + \dfrac{x^2-x-1}{x^3-2x^2+4x-8} = 0$

Resp: **19** a) {−5, 3}   b) {−10}   c) {−16}   **20** a) {2}   b) {−2; 26}   c) {−3; 10}   d) ∅

23 Resolver as seguintes equações:

a) $\dfrac{2x+4}{2x-6} - \dfrac{3x-4}{3x+12} = \dfrac{10x-1}{x^2+x-12}$

b) $\dfrac{4x-1}{4x^2+8x+16} = \dfrac{3x^2+2x}{x^3-8} + \dfrac{2}{2-x}$

c) $\dfrac{2x^2-6x}{x+7} = \dfrac{63x^2+23x+27}{x^2-49} + \dfrac{6x^2+5x}{7-x}$

24 Resolver as seguintes equações:

Obs: Sabe-se que não existe número real que torna $x^2 + x + 1 = 0$

a) $\dfrac{x^6 + 36}{x^3 + x^2 + x + 1} + \dfrac{x^6 - 13x^5 + 37x^3 - 49x}{x^4 - 1} = \dfrac{x^3 - 13x}{x^3 - x^2 + x - 1}$

b) $\dfrac{2x - 1}{x^2 - 4x + 16} - \dfrac{x - 3}{x^2 + 3x - 4} = \dfrac{13x^2 - 30x + 43}{x^4 - x^3 + 64x - 64}$

Resp: **21** a) $\left\{-\dfrac{2}{3}\right\}$ b) $\left\{\dfrac{5}{2}\right\}$ c) $\{-2; 3\}$ **22** a) $\left\{\dfrac{1}{4}\right\}$ b) $\{2; 9\}$ c) $\{7; \pm 1\}$

25 Sendo $A(x) = \dfrac{3x^3 - 15x^2}{3x^3 - 27x}$, $B(x) = \dfrac{2x^2 + 16x + 30}{x^2 + 2x - 15}$,

$C(x) = \dfrac{6x^3 - 36x^2 + 54x}{2x^3 - 18x}$ e $D(x) = \dfrac{80x^3 + 4x^2 + 300x}{36x^2 - 4x^4}$, determinar

x para que $A(x) + B(x) = C(x) - D(x)$.

Exercícios de Fixação

26 Fatorar as seguintes expressões:

a) $am + an =$

b) $a^2 + a =$

c) $4x^2 + 14x =$

d) $26x^3 - 39xy =$

e) $m^2 - n^2 =$

f) $4x^2 - 121 =$

g) $16x^6 - y^2 =$

h) $9 - 169a^2 =$

i) $m^2 + 2mn + n^2 =$

j) $m^2 - 2mn + n^2 =$

k) $4x^2 - 20xy + 25y^2 =$

l) $49 + 56x + 16x^2 =$

m) $2x^3y + 2x^2y + 2xy^2 =$

n) $9x^2y^2 - 30xy + 25 =$

o) $4x^2y^2 - 25 =$

p) $6a^3 - 9a^2b - 3a^2 =$

q) $1 + 22x^2y + 121x^4y^2 =$

r) $441x^2 - 361 =$

27 Fatorar:

a) $16x^4 - 81 =$

b) $12a^4 - 27a^2 =$

c) $12a^4b + 16a^3b^2 + 4a^2b^3 =$

d) $16a^4 - 72a^2n^2 + 81n^4 =$

e) $12x^3 - 36x^2y + 27xy^2 =$

f) $625x^4 - 81y^4 =$

g) $36x^4 - 225x^2y^2 =$

h) $36a^5 + 120a^4 + 100a^3 =$

Resp: **22** a) {15} b) {34} c) $\left\{\dfrac{3}{2}\right\}$ **23** a) $\{\pm 2, \pm 3\}$ b) $\{\pm 3\}$

28 Fatorar as seguintes expressões:

a) $x^2 + 9x + 20 =$

b) $x^2 - 3x - 10 =$

c) $x^2 + 9xa + 20a^2 =$

d) $x^2 - 3nx - 10n^2 =$

e) $x^2 - x - 20 =$

f) $y^2 + 2y - 24 =$

g) $x^2 - ax - 20a^2 =$

h) $y^2 + 2ay - 24a^2 =$

i) $y^2 + 36y - 160 =$

j) $y^2 - 36ay - 160y^2 =$

k) $ax + an + bx + bn =$

l) $ay - an - by + bn =$

m) $6x^2 - 2xy - 9x + 3y =$

n) $8x^2 - 4ax - 6xy + 3ay =$

o) $6x^3 - 18x^2 - 10x^2y + 30xy =$

p) $12x^3y - 12x^2y^2 - 9x^2y - 9xy^2 =$

q) $24x^4 - 6x^2y^2 - 60x^3 + 15xy^2 =$

r) $4x^4 - 2ax^3 - 4x^3 - 2ax^2 - 168x^2 - 84ax =$

29 Fatorar:

a) $a^3 + b^3 =$

b) $x^3 - y^3 =$

c) $8x^3 - 27 =$

d) $a^3 + 64 =$

e) $x^3 + 3x^2y + 3xy^2 + y^3 =$

f) $a^3 - 3a^2b + 3ab^2 - b^3 =$

g) $x^3 - 6x^2 + 12x - 8 =$

h) $x^3 - 9x^2 + 27x - 27 =$

i) $3x^4 - 81xy^3 =$

j) $16x^4 - 24x^3y + 12x^2y^2 - 2xy^3 =$

k) $108x^5 + 108x^4y + 36x^3y^2 + 4x^2y^3 =$

l) $40x^4y + 135xy^4 =$

m) $x^6 - 1 =$

n) $x^6 + 16x^3 + 64 =$

o) $2x^7 - 128xy^6 =$

p) $256x^7y + 64x^4y^4 + 4xy^7 =$

Resp: **25** $S = \{5\}$ **26** a) $a(m+n)$ b) $a(a+1)$ c) $2x(2x+7)$ d) $13x^2(2x-3y)$ e) $(m+n)(m-n)$ f) $(2x+11)(2x-11)$
g) $(4x^3+y)(4x^3-y)$ h) $(3+13a)(3-13a)$ i) $(m+n)^2$ j) $(m-n)^2$ k) $(2x-5y)^2$ l) $(7+4x)^2$
m) $2xy(x^2+x+y)$ n) $(3xy-5)^2$ o) $(2xy+5)(2xy-5)$ p) $3a^2(2a-3b-1)$ q) $(1+11x^2y)^2$
r) $(21x+19)(21x-19)$ **27** a) $(4x^2+9)(2x+3)(2x-3)$ b) $3a^2(2a+3)(2a-3)$ c) $4a^2b(2a+b^2)$
d) $(2a+3n)^2(2a-3n)^2$ e) $3x(2x-3y)^2$ f) $(25x^2+9y^2)(5x+3y)(5x-3y)$ g) $9x^2(2x+5y)(2x-5y)$ h) $4a^3(3a+5)^2$

30 Fatorar as expressões, nos casos:

a) $x^2 + 2xy + y^2 - 25 =$

b) $4a^2 - b^2 - 12a + 9 =$

c) $27x^5 - 27x^4 - 810x^3 - x^2y^3 + xy^3 + 30y^3 =$

d) $4x^5 - 24x^4 + 48x^3 - 32x^2 - 9x^3y^2 + 54x^2y^2 - 108xy^2 + 72y^2 =$

e) $2x^2y - 14xy^2 - 36y^3 - 3x^2 + 21xy - 54y^2 =$

f) $4x^2y^2 - 16x^3y - 180x^4 - 9y^2 + 36xy + 225x^2 =$

g) $x^5 - 5x^4 - 36x^3 - x^2 + 5x + 36 =$

31 Resolver:

a) Determinar o valor de $25345^2 - 25343^2$.

b) Determinar o valor de $x = a^2 - b^2$ para $a = 5685$ e $b = 5680$.

c) Determinar o valor de $a = 4x^2 - 12y + 9y^2$ para $x = 172$ e $y = 113$.

d) Determinar o valor de $n = 6ax - 4bx - 3ay + 2by$ para $x = 97$, $y = 191$, $a = 143$ e $b = 199$.

e) Determinar o valor de $x = 15ab - 5b^2 - 21a + 7b$ para $a = 217$ e $b = 651$.

f) Determinar $a = 25x^2 - 30xy + 9y^2$ para $x = 57$ e $y = 101$.

Resp: **28** a) $(x + 4)(x + 5)$ b) $(x - 5)(x + 2)$ c) $(x + 4a)(x + 5a)$ d) $(x - 5n)(x + 2n)$ e) $(x - 5)(x + 4)$ f) $(y + 6)(y - 4)$
g) $(x - 5a)(x + 4a)$ h) $(y + 6a)(y - 4a)$ i) $(y + 40)(y - 4)$ j) $(y - 40a)(y + 4a)$ k) $(x + n)(a + b)$ l) $(y - n)(a - b)$
m) $(3x - y)(2x - 3)$ n) $(2x - a)(4x - 3y)$ o) $2x(x - 3)(3x - 5y)$ p) $3xy(x - y)(4x - 3)$ q) $3x(2x + y)(2x - y)(2x - 5)$
r) $2x(2x - a)(x - 7)(x + 6)$ **29** a) $(a + b)(a^2 - ab + b^2)$ b) $(x - y)(x^2 + xy + y^2)$ c) $(2x - 3)(4x^2 + 6x + 9)$
d) $(a + 4)(a^2 - 4a + 16)$ e) $(x + y)^3$ f) $(a - b)^3$ g) $(x - 2)^3$ h) $(x - 3)^3$ i) $3x(x - 3y)(x^2 + 3xy + 9y^2)$
j) $2x(2x - y)^3$ k) $4x(3x + y)^3$ l) $5xy(2x + 3y)(4x^2 - 6xy + 9y^2)$ m) $(x + 1)(x^2 - x + 1)(x - 1)(x^2 + x + 1)$
n) $(x + 2)^2(x^2 - 2x + 4)^2$ o) $2x(x + 2y)(x^2 - 2xy + 4y^2)(x - 2y)(x^2 + 2xy + 4y^2)$ p) $4xy(2x + y)^2(4x^2 - 2xy + y^2)^2$

32 Resolver:

a) Determinar o valor de a = $x^3 - 3x^2y + 3xy^2 - y^3$ para x = 142 e y = 137.

b) Determinar o valor de a = $27x^3 - 54x^2y + 36xy^2 - 8y^3$ para x = 37 e y = 52.

33 Determinar a constante k que devemos somar ao trinômio dado para que o trinômio obtido seja um quadrado perfeito, nos casos:

a) $x^2 + 10x + 10$

b) $4x^2 - 12x + 51$

34 Determinar a constante k que devemos somar ao polinômio dado para que o polinômio obtido seja um cubo perfeito, nos casos:

a) $x^3 + 15x^2 + 75x + 90$

b) $8x^3 - 36x^2 + 54x + 27$

35 Determinar o valor de a = $4x^2 - 20x + 80 - 10872^2$ para x = 5439.

36 Simplificar as seguintes frações:

a) $\dfrac{36x^3y + 24x^2y^2}{18x^4 - 8x^2y^2}$

b) $\dfrac{4x^2 - 20xy + 25x^2}{8x^2y - 20xy^2}$

c) $\dfrac{x^2 + 2x - 35}{x^3 - 125}$

d) $\dfrac{x^3 + 9x^2y + 27xy^2 + 27y^3}{x^2 + 6xy + 9y^2}$

e) $\dfrac{15x^2 - 5xy - 12y + 4y}{10x^2 - 8x + 15xy - 12y}$

f) $\dfrac{8x^3 + 20x^2 + 50x - 12x^2y - 30xy - 75y}{16x^4 - 250x - 24x^3y + 375y}$

Resp: **30** a) $(x + y + 5)(x + y - 5)$ b) $(2a - 3 + b)(2a - 3 - b)$ c) $(x - 6)(x + 5)(3x - y)(9x^2 + 3xy + y^2)$ d) $(x - 2)^3(2x + 3y)(2x - 3y)$
e) $(x - 9y)(x + 2y)(2y - 3)$ f) $(2x + 3)(2x - 3)(y - 9x)(y + 5x)$ g) $(x - 9)(x + 4)(x - 1)(x^2 + x + 1)$ **31** a) 101376
b) 56825   c) 25   d) 93   e) 0   f) 324

37 Resolver as seguintes equações:

a) $x^2 - 4 = 0$

b) $4x^2 - 25 = 0$

c) $49x^2 - 1 = 0$

d) $x^2 - 14x + 49 = 0$

e) $4x^2 - 4x + 1 = 0$

f) $9x^2 - 30x + 25 = 0$

g) $x^2 - 7x + 10 = 0$

h) $x^2 - 7x - 18 = 0$

i) $x^2 + x - 56 = 0$

j) $1 - 7x + 12x^2 = 0$

k) $1 - 4x - 21x^2 = 0$

l) $1 - x - 72x^2 = 0$

m) $x^2 - 63x + 30 \cdot 33 = 0$

n) $x^2 - 4x - 43 \cdot 39 = 0$

o) $x^2 + 7x - 56 \cdot 63 = 0$

p) $x^4 - 13x^2 + 36 = 0$

q) $x^4 - 22x^2 - 75 = 0$

r) $x^3 + 2x^2 - 9x - 18 = 0$

s) $x^3 - 3x^2 + 9x - 27 = 0$

38 Sabe-se que $x^2 \pm ax + a^2 = 0$ não tem raízes reais e que $ax^2 + b = 0$, com $ab > 0$, também não tem raízes reais. Assim sendo, resolver as equações:

a) $x^4 - 81 = 0$

b) $x^3 - 125 = 0$

c) $x^{12} - 3x^8 + 3x^4 - 1 = 0$

d) $4x^5 + x^3 + 108x^2 + 27 = 0$

e) $x^5 - 4x^3 - 27x^2 + 108 = 0$

f) $16x^6 - 16x^5 - 896x^4 - x^2 + x + 56 = 0$

g) $x^7 - 5x^6 - 9x^5 + 45x^4 - x^3 + 5x^2 + 9x - 45 = 0$

Resp: **32** a) a = 125 b) k = 15 **33** a) k = 15 b) k = -42 **34** a) k = 35 b) k = -54 **35** 21800

36 a) $\dfrac{6y}{3x - 2y}$ b) $\dfrac{2x - 5y}{4xy}$ c) $\dfrac{x + 7}{x^2 + 5x + 25}$ d) $x + 3y$ e) $\dfrac{3x - y}{2x + 3y}$ f) $\dfrac{1}{2x - 5}$

39 Resolver as seguintes equações:

a) $\dfrac{2x^2 - 3x}{x^2 - 9} - \dfrac{x - 2}{x - 3} = \dfrac{x + 2}{x + 3}$

b) $\dfrac{x - 4}{x - 2} - \dfrac{x - 1}{x + 2} = \dfrac{2x - 12}{x^2 - 4}$

c) $\dfrac{2(x - 2)}{x + 3} = \dfrac{x + 1}{x - 3} - \dfrac{11x - 19}{x^2 - 9}$

d) $\dfrac{3x - 2}{x - 1} - \dfrac{2x - 3}{x + 1} = \dfrac{2}{x^2 - 1}$

e) $\dfrac{x + 3}{2x - 4} - \dfrac{x - 5}{2 - x} = \dfrac{x^2 - 8}{x^2 - 4x + 4}$

f) $\dfrac{x + 4}{4 - x} = \dfrac{x - 1}{x + 1} - \dfrac{3x^2 - 2x + 5}{x^2 - 3x - 4}$

40 Simplificar as seguintes expressões:

a) $\dfrac{x^2 + 10x + 21}{x^2 + 6x - 7} + \dfrac{x^3 + x^2y + 5x + 5y}{x^3 + x^2y - x - y} - \dfrac{x^2 - 4x + 4}{x^2 - x - 2}$

b) $\dfrac{4xy - 2y^2 - 2ax + ay}{2xy + 2y^2 - ax - ay} - \dfrac{6x^2 - 4xy - 3ax + 2ay}{2x^2 - ax - 2xy + ay} + \dfrac{9x^3y^2 - 9x^2y^3 - 6x^4y}{3x^2y^3 - 3x^4y}$

41 Simplificar as seguintes expressões:

a) $\left(\dfrac{x+1}{x-1} + \dfrac{x-1}{x+1} - \dfrac{x^2 - 3x}{x^2 - 1}\right) \cdot \left(\dfrac{x+2}{x-3} - \dfrac{x-3}{x+2} + \dfrac{x^2 - 12x + 6}{x^2 - x - 6}\right)$

b) $\left(\dfrac{x-1}{x^2 - 5x + 6} - \dfrac{x-3}{x^2 - 3x + 2} - \dfrac{x-2}{x^2 - 4x + 3}\right) \cdot \left(\dfrac{2 - x^2}{x - 6} - \dfrac{10 + 5x - 9x^2}{x^2 - x - 30}\right)$

42 Simplificar as seguintes expressões:

a) $\left(\dfrac{x-1}{x+4} - \dfrac{12 - 3x - x^2}{x^2 + 2x - 8} - \dfrac{x+1}{x-2}\right) : \left(\dfrac{x-3}{x+3} + \dfrac{x+2}{x-2} - \dfrac{x^2 - 9x - 2}{x^2 + x - 6}\right)$

b) $\left[\left(\dfrac{x-1}{x+2} + \dfrac{2x^2 + 10x - 6}{x^2 - 4} + \dfrac{2x}{2-x}\right) : \left(\dfrac{2x^2 + 3x - 25}{x^2 + 2x - 15} + \dfrac{x-1}{3-x}\right)\right] : \left(\dfrac{2x+3}{x-2} + \dfrac{11 + 9x - 2x^2}{4 - x^2} - \dfrac{3x}{x+2}\right)$

43 Determinar o valor numérico da expressão dada, nos casos:

a) $\dfrac{a^2 + ac}{a^2c - c^3} - \dfrac{a^2 - c^2}{a^2c + 2ac^2 + c^3} + \dfrac{2c}{c^2 - a^2} - \dfrac{3}{a+c}$, para $a = \dfrac{21}{31}, b = \dfrac{31}{21}$

b) $\left(\dfrac{1}{x^2 - 3x + 2} + \dfrac{1}{x^2 - x - 2} + \dfrac{2}{x^2 - 1}\right) : \left(\dfrac{2x - 2}{x + 4} - \dfrac{x^2 - 13x - 8}{x^2 + 2x - 8}\right)$, para $x = \dfrac{3}{5}$

c) $\left(\dfrac{x-1}{x^2 - 4} - \dfrac{x+1}{x^2 - 4x + 4} + \dfrac{2}{x^2 + 4x + 4}\right) : \left(\dfrac{x+2}{x-2} - \dfrac{4x^2 + 21x - 14}{4 - x^2}\right)$, para $x = 6$

44 Determine o valor numérico da expressão dada, nos casos:

a) $\dfrac{a^2x^2 - x^2 - 5a^2 + 5}{(ax+1)^2 - (a+x)^2} + \dfrac{a^2x^2 + a^2x + abx + ab}{a^2x^2 - a^2x + abx - ab} - \dfrac{x-1}{x+1}$, para $x = -\dfrac{1}{3}$

b) $\left(\dfrac{x}{x^2 + 5x + 6} + \dfrac{15}{x^2 + 9x + 14} - \dfrac{12}{x^2 + 10x + 21}\right) : \left(\dfrac{x+3}{x+2} + \dfrac{x+3}{3-x} + \dfrac{7x+10}{x^2 - x - 6}\right)$, para $x = \dfrac{7}{3}$

45 Determinar o valor numérico da expressão dada, nos casos:

a) $\dfrac{b-c}{(a-b)(a-c)} - \dfrac{c-a}{(b-a)(b-c)} + \dfrac{a-b}{(c-a)(c-b)}$, para $a = -\dfrac{5}{8}$, $b = \dfrac{17}{23}$, $c = \dfrac{5}{6}$

b) $\dfrac{bc}{(a-b)(a-c)} + \dfrac{ac}{(b-a)(b-c)} + \dfrac{ab}{(c-a)(c-b)}$, para $a = \dfrac{5}{7}$, $b = \dfrac{13}{19}$, $c = \dfrac{23}{29}$

Resp: **37** a) $\{\pm 2\}$ b) $\left\{\pm \dfrac{5}{2}\right\}$ c) $\left\{\pm \dfrac{1}{7}\right\}$ d) $\{7\}$ e) $\left\{\dfrac{1}{2}\right\}$ f) $\left\{\dfrac{5}{3}\right\}$ g) $\{2, 5\}$ h) $\{-2, 9\}$

i) $\{-8, 7\}$ j) $\left\{\dfrac{1}{4}, \dfrac{1}{3}\right\}$ k) $\left\{\dfrac{1}{7}, -\dfrac{1}{3}\right\}$ l) $\left\{\dfrac{1}{9}, -\dfrac{1}{8}\right\}$ m) $\{30, 33\}$ n) $\{-39, 43\}$ o) $\{-63, 56\}$ p) $\{\pm 2, \pm 3\}$

q) $\{\pm 5\}$ r) $\{-2, \pm 3\}$ s) $\{3\}$ **38** a) $\{\pm 3\}$ b) $\{5\}$ c) $\{\pm 1\}$ d) $\{-3\}$ e) $\{3, \pm 2\}$

f) $\left\{7; 8, \pm \dfrac{1}{2}\right\}$ f) $\{5, \pm 1, \pm 3\}$

46 Resolver as seguintes equações:

a) $\dfrac{x+2}{x-2} - \dfrac{x+3}{x^2+2x-8} - \dfrac{x-2}{x+2} = \dfrac{x-3}{x^2+6x+8} - \dfrac{(x^2+4)(x-2)-45x-16}{x^3+4x^2-4x-16}$

b) $\dfrac{x^3+8x-26}{x^2-5x+6} + \dfrac{x}{2-x} - \dfrac{3}{3-x} = x$

c) $\dfrac{31-10x-4x^2}{x^2-3x-10} - \dfrac{x-3}{5-x} - \dfrac{2x-1}{x+2} = \dfrac{x^2-4}{x-5}$

47 Resolver as seguintes equações:

a) $\dfrac{x+3}{x^2-2x} - \dfrac{x-1}{x^2+2x} - \dfrac{x+1}{2-x} - \dfrac{x-2}{x+2} = \dfrac{74-15x}{x^3-4x}$

b) $\dfrac{x^2+1}{x^2-1} + \dfrac{x^2+x-1}{x^3-x^2+x-1} - \dfrac{x^2-x+1}{x^3+x^2+x+1} = \dfrac{x(10+10x-3x^2)+1}{x^4-1}$

c) $\dfrac{3x+3}{x^2-1} + \dfrac{4x^2(2x^2-x-4)}{x^3+3x^2-x-3} = \dfrac{x^2-2}{1-x} - \dfrac{x-1}{x^2+4x+3} - \dfrac{x-3}{x^2+2x-3}$

48 Simplificar as seguintes expressões:

a) $\dfrac{\dfrac{1}{1+x} + \dfrac{x}{1-x}}{\dfrac{1}{1-x} - \dfrac{x}{1+x}}$

b) $\dfrac{\dfrac{a-b}{1+ab} + \dfrac{b-c}{1+bc}}{1 - \dfrac{(a-b)(b-c)}{(1+ab)(1+bc)}}$

c) $\dfrac{\dfrac{a+b}{a-b} - \dfrac{a-b}{a+b}}{1 - \dfrac{a^2+b^2}{(a+b)^2}}$

d) $\dfrac{\dfrac{x-y}{y-a} - \dfrac{y-a}{x-y}}{\dfrac{x-y-1}{x-y} - \dfrac{y-a-1}{y-a}}$

e) $\dfrac{1}{a - \dfrac{a^2-1}{a + \dfrac{1}{a-1}}}$

f) $\dfrac{a-x}{a^2 - ax - \dfrac{(a-x)^2}{1 - \dfrac{a}{x}}}$

49 Resolver sem fazer a discussão, a equação, nos casos:

a) $\dfrac{x}{ab} - \dfrac{a-x}{a^2+ab} = \dfrac{b-x}{ab+b^2}$

b) $\dfrac{a+b}{x} - \dfrac{2b}{a-b} = 2 - \dfrac{a-b}{x}$

c) $\dfrac{x+a}{a+1} - \dfrac{x-a}{a-1} = \dfrac{4x-4a^2}{1-a^2}$

d) $\dfrac{2a+x}{2b-x} - \dfrac{2a-x}{2b+x} = \dfrac{4ab}{4b^2-x^2}$

e) $\dfrac{2x+a}{x+3a} + \dfrac{3x^2-22a^5}{x^2-9a^2} = 5$

f) $\dfrac{x-a+1}{x-a} - \dfrac{x-a}{x-a-1} = \dfrac{x-b+1}{x-b} - \dfrac{x-b}{x-b-1}$

Resp: **39** a) {4} b) ϕ c) {−2, 5} d) {−7} e) {3, 10} f) {3} **40** a) $\dfrac{x+6}{x-1}$ b) $\dfrac{x-6y}{x+y}$ **41** a) $\dfrac{x-1}{x-3}$ b) $\dfrac{x}{x+5}$

42 a) $\dfrac{x^2-4x-21}{x^2+11x+28}$ b) $\dfrac{x-3}{x-5}$ **43** a) 0 b) $\dfrac{25}{36}$ c) $-\dfrac{1}{40}$ **44** a) 7 b) 2 **45** a) $\dfrac{48}{35}$ b) 1

46 a) {±3} b) {−4} c) {−7; 2} **47** a) {−5} b) {0, −3, ±2} c) $\left\{\pm\dfrac{1}{3}\right\}$ **48** a) 1 b) $\dfrac{a-c}{1+ac}$ c) $\dfrac{2(a+b)}{a-b}$

d) x − a e) $\dfrac{a^2-a+1}{2a-1}$ f) $\dfrac{1}{a+x}$ **49** a) $\left\{\dfrac{ab}{a+b}\right\}$ b) {a−b} c) {a²} d) $\left\{\dfrac{ab}{a+b}\right\}$ e) {4a} f) $\left\{\dfrac{a+b+1}{2}\right\}$

II QUADRILÁTEROS

A) Definição:

Dados quatro pontos A, B, C e D de um mesmo plano, sendo três deles não colineares, chama-se **quadrilátero ABCD** a reunião dos segmentos $\overline{AB}, \overline{BC}, \overline{CD}$ e $\overline{DA}$, desde que estes segmentos interceptem-se apenas nas extremidades.

B) Elementos

A, B, C e D: vértices.

$\overline{AB}, \overline{BC}, \overline{CD}$ e $\overline{DA}$: lados.

$\hat{A}, \hat{B}, \hat{C}$ e $\hat{D}$: ângulos internos.

$\overline{AC}$ e $\overline{BD}$: diagonais.

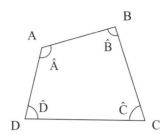

C) Quadrilátero Côncavo e Quadrilátero Convexo

Um **quadrilátero** é dito **côncavo** se um de seus vértices é interno ao triângulo determinado pelos outros.

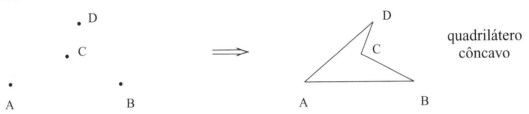

quadrilátero côncavo

Um **quadrilátero** é dito **convexo** se cada um de seus vértices é externo ao triângulo determinado pelos outros.

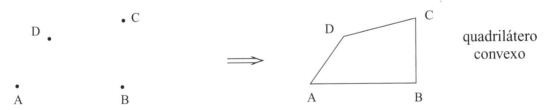

quadrilátero convexo

Observação: salvo menção em contrário, no que segue, quadrilátero será quadrilátero convexo.

D) Teorema:

| T1 | A soma dos ângulos internos de um quadrilátero (côncavo ou convexo) é igual a 360°. |

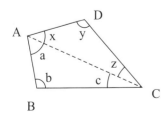

Demonstração:

no $\triangle ABC$: $a + b + c = 180°$
no $\triangle ACD$: $x + y + z = 180°$

$(a + x) + b + (c + z) + y = 360°$

$\hat{A} + \hat{B} + \hat{C} + \hat{D} = 360°$

37

EXERCÍCIO RESOLVIDO

Resolvido 1 Na figura abaixo, $\overline{AI}$ e $\overline{BI}$ são bissetrizes dos ângulos $\hat{A}$ e $\hat{B}$. Determine **x**.

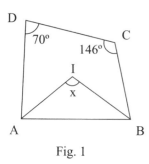
Fig. 1

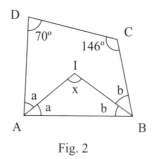
Fig. 2

Solução: (veja figura 2)

No quadrilátero ABCD: $2a + 2b + 146° + 70° = 360° \Rightarrow a + b = 72°$

No triângulo ABI: $x + a + b = 180° \Rightarrow x + 72° = 180° \Rightarrow$ **x = 108°**

Resposta: 108°

50 Determine o valor de x nos casos abaixo:

a) 94°, 120°, 90°, x

b) 110°, 40°, 60°, x

c) 102°, x, 92°, 64°

d) 81°, x, 92°, 105°

e) 90°, 74°, x, 132°

f) x, 66°, 58°, 80°

g) 138°, 10x − 30°, 4x − 12°, 96° − 2x

h) 2x + 20°, 10x − 80°, 6x + 20°, 22°

i) 4x − 18°, 3x + 8°, 140° − x, 106°

j) 2x − 2°, 72°, 2x + 2°, 3x − 8°

l) 9x + 34°, 106° − 4x

m) x + 50°, 3x − 36°, x

51 Nas figuras abaixo, $\overline{AI}$ e $\overline{BI}$ são bissetrizes. Determine as incógnitas.

a)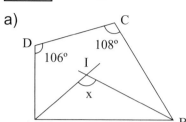

b)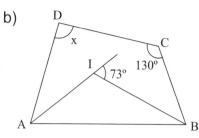

c)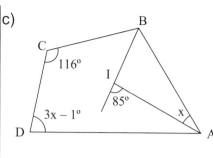

d)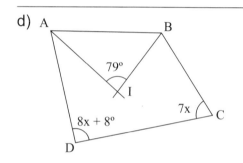

e)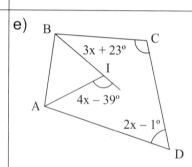

f)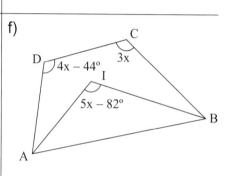

g) $\overline{AB} \mathbin{/\mkern-6mu/} \overline{CD}$
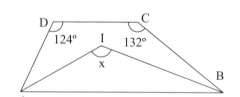

h) $\overline{AB} \mathbin{/\mkern-6mu/} \overline{CD}$
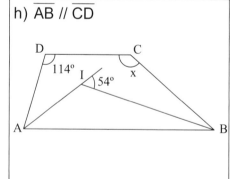

i) $\overline{AD} \mathbin{/\mkern-6mu/} \overline{BC}$
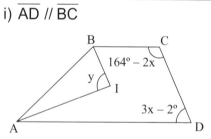

Quadriláteros notáveis

A) Trapézio

1 – Definição:

Um quadrilátero é um trapézio se tem dois lados paralelos e dois não paralelos.

Observação:

os lados paralelos são chamados de **bases**.

os lados não paralelos são chamados de **lados oblíquos**.

2 – Classificação dos trapézios

isósceles: os lados oblíquos são congruentes.

retângulo: um lado oblíquo é perpendicular às bases.

escaleno: os lados oblíquos não são congruentes.

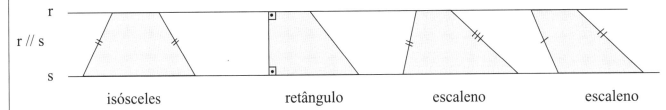

3 – Teoremas

T2 Sendo ABCD um trapézio de bases $\overline{AB}$ e $\overline{CD}$, tem-se que

$\hat{A} + \hat{D} = 180°$ e $\hat{B} + \hat{C} = 180°$

Demonstração: Imediata, basta usar o paralelismo

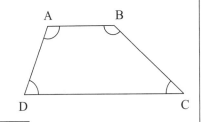

T3 Num trapézio isósceles os ângulos de cada base são congruentes.

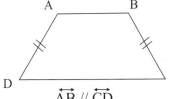 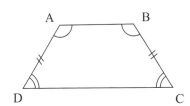

$\hat{A} = \hat{B}$
$\hat{C} = \hat{D}$

Demonstração:

Traçam-se por A e B as perpendiculares à base CD (veja figura). O resultado segue da congruência (cateto-hipotenusa) entre os triângulos ADE e BCF.

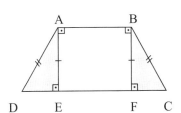

T4 As diagonais de um trapézio isósceles são congruentes.

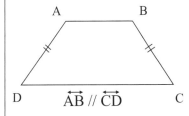 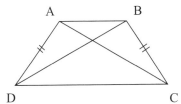

$AC = BD$

Demonstração:

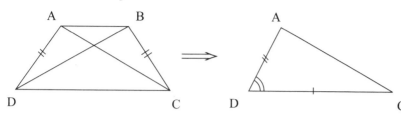 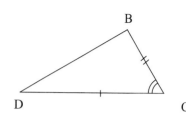

basta considerar a congruência (LAL) dos triângulos ACD e BDC.

B) Paralelogramo

1 – Definição:

Um quadrilátero é um paralelogramo se seus pares de lados opostos são paralelos.

2 – Teoremas

| T5 | Em todo paralelogramo quaisquer dois ângulos opostos são congruentes. |

Demonstração:

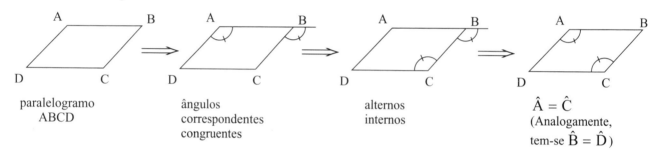

paralelogramo ABCD → ângulos correspondentes congruentes → alternos internos → $\hat{A} = \hat{C}$ (Analogamente, tem-se $\hat{B} = \hat{D}$)

| T6 | Todo quadrilátero que tem ambos os pares de ângulos opostos congruentes é um paralelogramo. |

Demonstração:

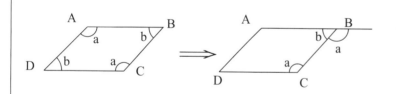

ângulos alternos congruentes
∴ $\overline{AB} \parallel \overline{CD}$
Analogamente obtém-se $\overline{AD} \parallel \overline{BC}$

$2a + 2b = 360°$
$a + b = 180°$

Logo, ABCD é paralelogramo

| T7 | Em todo paralelogramo quaisquer dois lados opostos são congruentes. |

Demonstração: seja o paralelogramo ABCD.

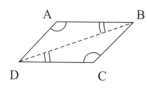

$\overline{BD}$ é comum
$A\hat{B}D = B\hat{D}C$ (alternos)
$\hat{A} = \hat{C}$ (teorema T5)

$\overset{LAA_o}{\Rightarrow}$ $\triangle ABD \equiv CDB \Rightarrow \begin{cases} AB = CD \\ AD = BC \end{cases}$

T8 | Todo quadrilátero que tem ambos os pares de lados opostos congruentes é um paralelogramo.

Demonstração:

$\xRightarrow{LLL}$ $\triangle ABC \equiv \triangle ADC$ $\Longrightarrow$ $\left. \hat{B} = \hat{D} \right\}$

$\xRightarrow{LLL}$ $\triangle ABD \equiv \triangle CDB$ $\Longrightarrow$ $\left. \hat{A} = \hat{C} \right\}$ $\xRightarrow{T6}$ ABCD é paralelogramo

T9 | Em todo paralelogramo as diagonais interceptam-se nos respectivos pontos médios.

Demonstração:

$\triangle ABI \equiv \triangle CDI$ (ALA) $\Rightarrow$ $\left. \begin{array}{l} AI = CI \\ BI = DI \end{array} \right\}$ $\Rightarrow$ $\left\{ \begin{array}{l} \text{I é ponto médio} \\ \text{de } \overline{AC} \text{ e } \overline{BD} \end{array} \right.$

T10 | Todo quadrilátero em que as diagonais interceptam-se nos respectivos pontos médios é paralelogramo.

Demonstração:

$\triangle ABI \equiv \triangle CDI \Rightarrow AB = CD$
(LAL)
$\triangle ADI \equiv \triangle CBI \Rightarrow AD = BC$
$\xRightarrow{T8}$ ABCD é paralelogramo

T11 | Todo quadrilátero que tem dois lados paralelos e congruentes é um paralelogramo.

Demonstração:

$\overline{AB} \parallel \overline{CD}$

$\left. \begin{array}{l} AB = CD \\ A\hat{B}D = B\hat{D}C \\ BD \text{ comum} \end{array} \right\}$ $\xRightarrow{LAL}$ $\triangle ABD \equiv \triangle CDB \Rightarrow AD = BC$ $\xRightarrow{T8}$ ABCD é paralelogramo

C) Retângulo

1 – Definição

Um quadrilátero é um retângulo se possui os quatro ângulos congruentes.

2 – Teoremas

T12 Todo retângulo é paralelogramo.

Demonstração: basta usar o teorema **T6**

T13 Em todo retângulo as diagonais são congruentes.

Demonstração:

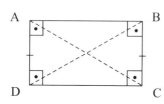 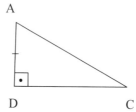 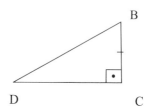

ABCD é retângulo $\overset{T12}{\Rightarrow}$ ABCD é paralelogramo $\Rightarrow$ AD = BC

$\left. \begin{array}{l} AD = BC \\ \hat{D} = \hat{C} \\ CD \text{ comum} \end{array} \right\} \overset{LAL}{\Rightarrow} \Delta ACD \equiv \Delta BDC \Rightarrow AC = BD$

D) Losango

1 – Definição

Um quadrilátero é um losango se possui os quatro lados congruentes.

2 – Teoremas

T14 Todo losango é paralelogramo.

Demonstração: é conseqüência do teorema **T8**.

T15 Em todo losango as diagonais são perpendiculares.

T16 Em todo losango as diagonais são bissetrizes dos ângulos internos.

Demonstração: é conseqüência da congruência (caso LLL) entre os triângulos ABI, ADI, BCI e CDI.

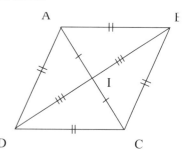

E) Quadrado

1 – Definição:

Um quadrilátero é um quadrado se tem os quatro ângulos congruentes e os quatro lados congruentes.

2 – Teorema

Como todo quadrado é retângulo (tem todos os ângulos congruentes) e todo quadrado é losango (tem os quatro lados congruentes) é fácil verificar que a ele podem ser aplicados todos os teoremas vistos neste capítulo.

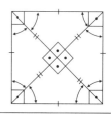

EXERCÍCIOS RESOLVIDOS

Resolvido 2 A diagonal menor de um trapézio retângulo é bissetriz do ângulo obtuso. Se o ângulo entre essa diagonal e a base maior é 50°, calcule a medida do ângulo agudo desse trapézio.

Solução:
A figura ao lado ilustra o enunciado.

1) $A\hat{B}D = C\hat{D}B$ (alternos) $\Rightarrow A\hat{B}D = 50°$

2) $A\hat{B}D = C\hat{B}D \Rightarrow C\hat{B}D = 50°$

3) $\triangle CBD$: $x + \hat{B} + \hat{D} = 180° \Rightarrow x + 50° + 50° = 180°$

$$\therefore x = 180°$$

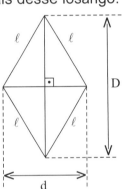

Resposta: 80°

Resolvido 3 O perímetro de um losango é 52 cm e a diagonal maior excede o dobro da menor em 4 cm, enquanto o dobro do lado excede a diagonal maior em 2 cm. Determine as medidas dos lados e das diagonais desse losango.

Solução:

1) $4\ell = 52 \Rightarrow \ell = 13$

2) $D = 2d + 4$

3) $2\ell = D + 2 \Rightarrow 2 \cdot 13 = D + 2 \Rightarrow D = 24$

Substituindo **3** em **2**:

$24 = 2d + 4 \Rightarrow d = 10$

Resposta: diagonais de 10 cm e 24 cm, lados de 13 cm.

Resolvido 4 Nas figuras abaixo, ABCD é quadrado e PAB é triângulo equilátero. Determine **x** e **y**.

a)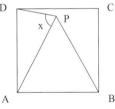

b)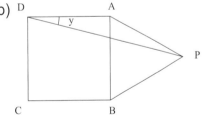

Solução:

a)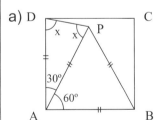

1) PAB é equilátero $\Rightarrow$ PA = AB ⎫
2) ABCD é quadrado $\Rightarrow$ AB = AD ⎬ $\Rightarrow$ PA = AD
3) PA = AD $\Rightarrow \triangle$ PAD é isósceles $\hat{D} = x$
4) De acordo com as medidas indicada ($\triangle$ PAD)

$$x + x + 30° = 180° \Rightarrow \mathbf{x = 75°}$$

b)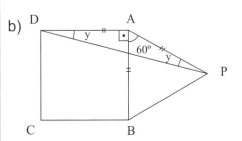

1) PAB é equilátero $\Rightarrow$ PA = AB ⎫
2) ABCD é quadrado $\Rightarrow$ AB = AD ⎬ $\Rightarrow$ PA = AD
3) PA = AD $\Rightarrow \triangle$ PAD é isósceles $\hat{P} = y$
4) De acordo com as medidas indicadas ($\triangle$ PAD)

$$y + y + 90° + 60° = 180° \Rightarrow \mathbf{y = 15°}$$

Resposta: a) 75°   b) 15°

52 Os quadriláteros abaixo são trapézios. Determine as incógnitas.

a)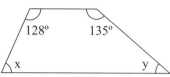

b)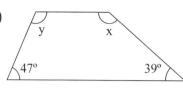

c)

d)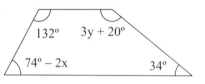

e)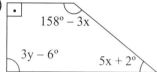

f)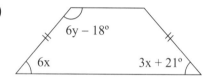

g)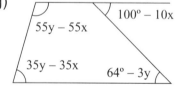

h)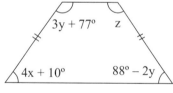

i)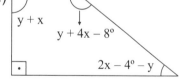

53. Os quadriláteros abaixo são paralelogramos. Determine o valor das incógnitas.

a) x, z, y com 30°

b) y, z, x, 134°

c) 128°, z, y, x

d) 16x + 18°, 82° − 8x, y

e) 58°, 6x − 106°, 4x − 30°, y

f) 2x + 16°, y, z, 4x − 16°

g) 6y + x − 2°, 4y + 8°, 116° − 2x

h) 60x − 40y, 3x − 14°, 5y + 10°

i) x + y, 2x + 3y, 3x + 70°

54 Os quadriláteros abaixo são retângulos. Determine as incógnitas.

a)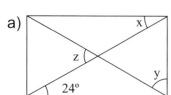

b)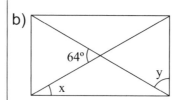

c)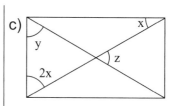

d)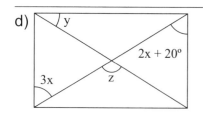

e)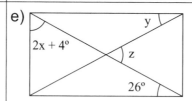

f)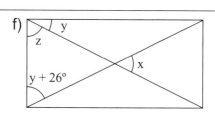

g)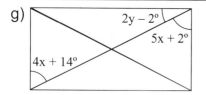

h)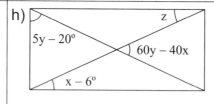

i)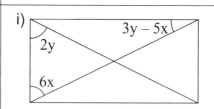

55 Os quadriláteros abaixo são losangos e seus lados tem como unidade o metro. Determine o valor das incógnitas.

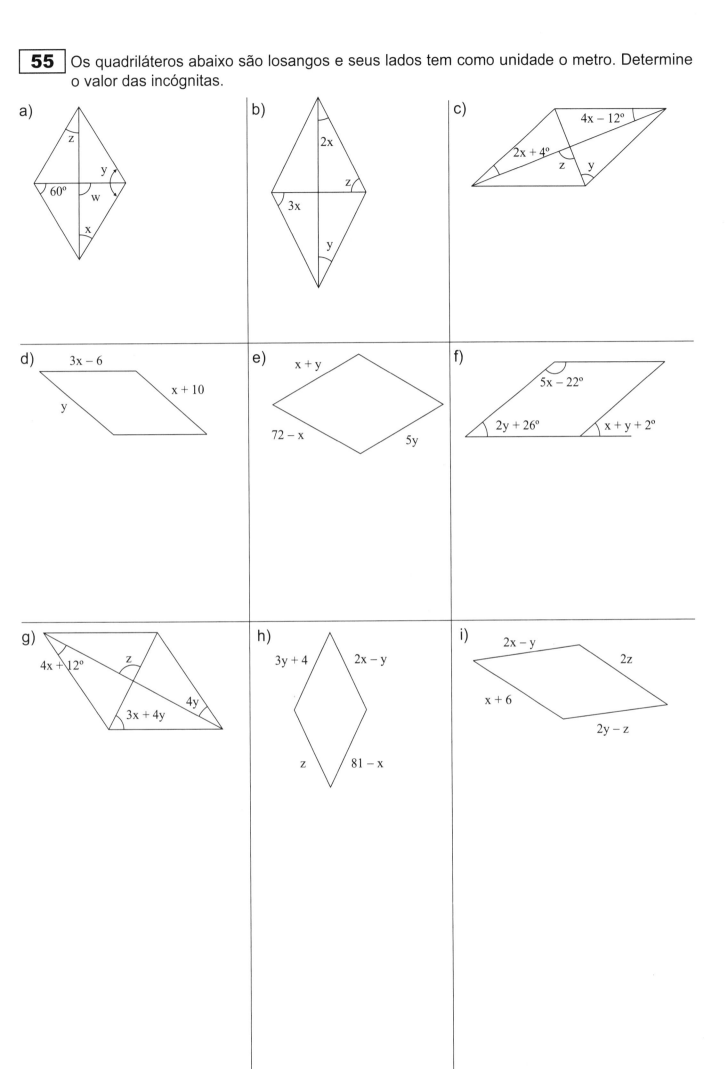

56 Dados: ABCD ; EFGH e PBEF são quadrados; PAB é triângulo equilátero. Determine o valor das incógnitas em cada caso.

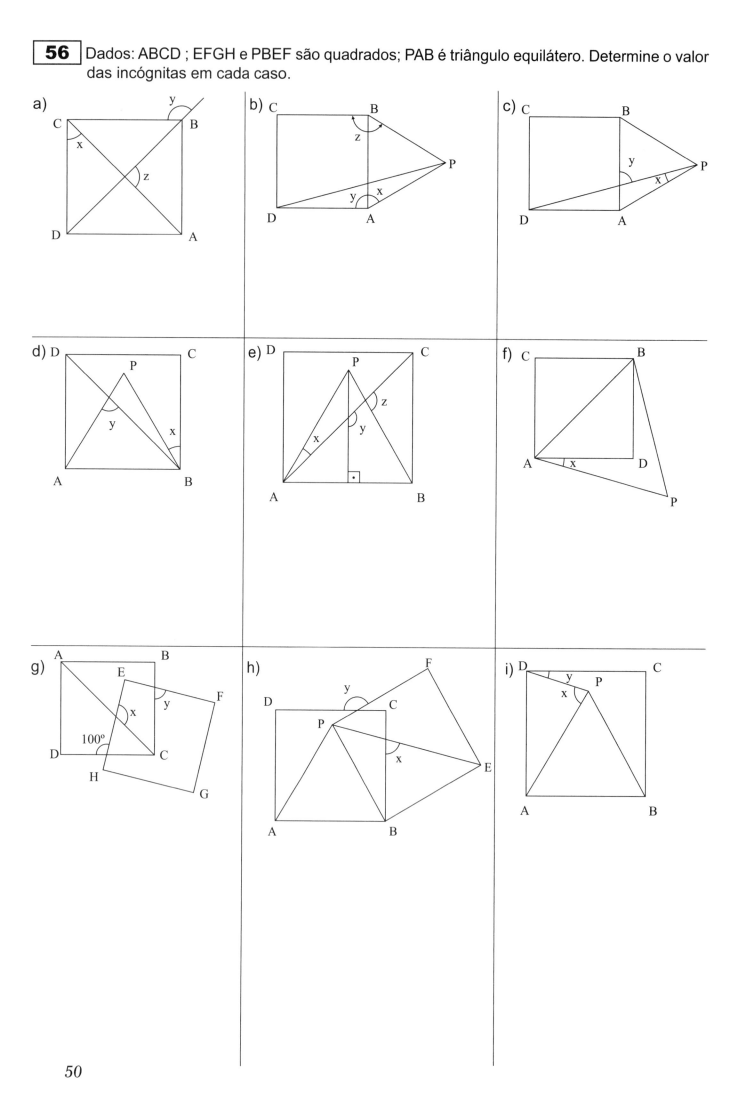

57 Determine os ângulos de um trapézio isósceles nos casos:

a) Um dos ângulos é o quádruplo do outro.

b) A soma de dois deles é igual a 96°.

c) A diferença de dois deles é igual a 92°.

d) Dois deles são proporcionais a 4 e 5.

58 Determine o ângulo obtuso de um trapézio retângulo nos casos:

a) A diferença entre o obtuso e o agudo é igual a 124°.

b) O obtuso é o triplo do agudo.

c) O obtuso excede o agudo em 66°.

d) O obtuso e o agudo são proporcionais a 9 e 3.

59 Determine os ângulos de um paralelogramo nos casos:

a) A diferença entre dois deles é 146°.

b) O obtuso é o quíntuplo do agudo.

c) O obtuso excede o agudo em 16°.

d) O obtuso e o agudo são proporcionais a 9 e 6.

60 Determine os lados de um quadrilátero de perímetro igual a 280 m, sabendo que seus lados são proporcionais a 2, 3, 4 e 5.

61 O perímetro de um trapézio isósceles é igual a 62 m. Determine os lados desse trapézio sabendo que a diferença entre as bases é igual a 22 m e que a base maior é o dobro do lado oblíquo.

62 Determine a medida dos lados de um paralelogramo de perímetro 36 m, sabendo que a diferença entre dois de seus lados é de 6 m.

63 Num retângulo, o comprimento excede a largura em 3 m. Determine os lados desse retângulo, sendo 78 m o seu perímetro.

64 Determine o lado de um losango, sabendo que seu perímetro excede o lado em 36 m.

65 Um losango tem um ângulo de 60° e sua diagonal menor mede 21 m. Determine o perímetro desse losango.

66 A base menor de um trapézio isósceles é congruente ao lado oblíquo às bases. Determine os ângulos desse trapézio, sabendo que o ângulo entre a diagonal e a base maior é 42°.

67 A diagonal de um trapézio isósceles é bissetriz do ângulo da base maior, que mede 20 cm. Determine o perímetro desse trapézio, sabendo que a base menor mede 12 cm.

68 O ângulo agudo de um trapézio retângulo mede 30°. Determine a medida do lado oblíquo às bases, sabendo que o lado perpendicular às bases mede 14 m.

69 Determine as medidas dos ângulos obtuso e agudo de um trapézio retângulo, sabendo que o ângulo entre as bissetrizes dos ângulos da base maior vale 120°.

Resp:

50 a) 56°   b) 50°   c) 74°   d) 82°   e) 32°   f) 108°   g) 14°   h) 21°   i) 32°   j) 28°   l) 8°   m) 38°

51 a) 107°   b) 84°   c) 25°   d) 10°   e) 32°   f) 40°   g) 128°   h) 138°   i) x = 18°, y = 90°

52 a) x = 52°, y = 45°   b) x = 141°, y = 133°   c) x = 49°, y = 38°   d) x = 13°, y = 42°   e) x = 10°, y = 32°
f) x = 7°, y = 26°   g) x = 6°, y = 8°   h) x = 12°, y = 15°, z = 122°   i) x = 32°, y = 58°

53 a) x = 150°, y = 150°, z = 30°   b) x = 46°, y = 134°, z = 46°   c) x = 52°, y = 128°, z = 128°
d) x = 10°, y = 178°   e) x = 38°, y = 58°   f) x = 16°, y = 132°, z = 48°   g) x = 24°, y = 15°   h) x = 18°, y = 26°
i) x = 20°, y = 30°   **54** a) x = 24°, y = 66°, z = 48°   b) x = 32°, y = 58°   c) x = 30°, y = 60°, z = 60°
d) x = 20°, y = 30°, z = 120°   e) x = 30°, y = 26°, z = 52°   f) x = 64°, y = 32°, z = 58°   g) x = 12°, y = 15°
h) x = 26°, y = 18°, z = 20°   i) x = 9°, y = 27°   **55** a) x = 30°, y = 120°, z = 30°, w = 90°
b) x = 18°, y = 36°, z = 54°   c) x = 8°, y = 70°, z = 90°   d) x = 8, y = 18   e) x = 32, y = 8   f) x = 32°, y = 8°
g) x = 6°, y = 9°, z = 90°   h) x = 32, y = 15, z = 49   i) x = 42, y = 36, z = 24

56 a) x = 45°, y = 135°, z = 90°   b) x = 60°, y = 90°, z = 150°   c) x = 15°, y = 75°   d) x = 30°, y = 75°
e) x = 15°, y = 135°, z = 105°   f) x = 15°   g) x = 125°, y = 80°   h) x = 75°, y = 150°   i) x = 75°, y = 15°

57 a) 36°, 36°, 144°, 144°   b) 48°, 48°, 132°, 132°   c) 136°, 136°, 44°, 44°   d) 80°, 80°, 100°, 100°

58 a) 152°   b) 135°   c) 123°   d) 135°   **59** a) 163°, 163°, 17°, 17°   b) 150°, 150°, 30°, 30°

c) 98°, 98°, 82°, 82°   d) 108°, 108°, 72°, 72°   **60** 40 m, 60 m, 80 m, 100 m   **61** 6 m, 14 m, 14 m, 28 m

62 12 m, 12 m, 6 m, 6 m   **63** 21 m, 21 m, 18 m, 18 m   **64** 12 m   **65** 84 m

66 96°, 96°, 84°, 84°   **67** 56 cm   **68** 28 m   **69** 150°, 30°

III CONSTRUÇÕES GEOMÉTRICAS

Trapézio isósceles

É o trapézio cujos lados opostos que não são as bases são congruentes e as bases não são congruentes (Lados oblíquos as bases são congruentes).

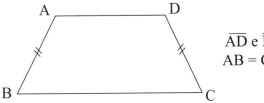

$\overline{AD}$ e $\overline{BC}$ são bases
$AB = CD$

Trapézio Escaleno

É o trapézio cujos lados opostos que não são bases não são congruentes.

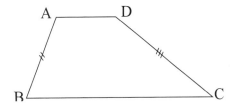

$\overline{AD}$ e $\overline{BC}$ são bases
$AB \neq CD$

Trapézio Retângulo

É o trapézio cujos lados opostos não bases são um perpendicular às bases e outro oblíquo às bases. (Note que o trapézio retângulo também é escaleno).

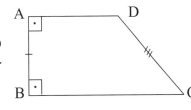

$\overline{AD}$ e $\overline{BC}$ são bases
$\hat{A} = \hat{B} = 90°$
$\hat{C} \neq 90°$ e $\hat{D} \neq 90°$
$AB \neq CD$

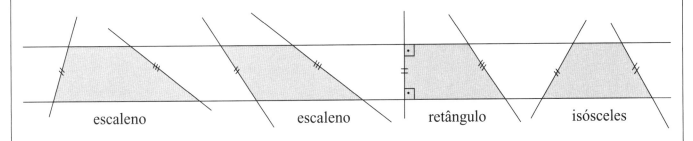

escaleno   escaleno   retângulo   isósceles

Obs: Note que em um trapézio escaleno não retângulo, os ângulos da base menor não são necessariamente obtusos e os da base maior não são necessariamente agudos. Olhar a segunda figura.

Altura de um trapézio

A distância entre as retas que contêm as bases de um trapézio é chamada altura do trapézio.

Considere um trapézio ABCD de bases AD e BC. A distância entre as retas AD e BC é a altura do trapézio ABCD.

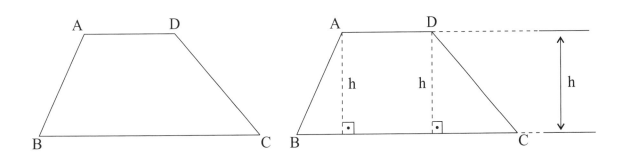

53

Propriedades

I) Ângulos suplementares

Dois ângulos de um trapézio, que têm um lado não base em comum, são suplementares (a soma é 180°).

Note que eles são colaterais internos formados por duas paralelas (as bases) e uma transversal (lado não base), que são de fato suplementares.

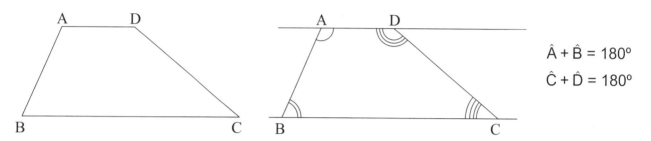

$\hat{A} + \hat{B} = 180°$

$\hat{C} + \hat{D} = 180°$

Obs: Como todo trapézio é um quadrilátero convexo, temos: $\hat{A} + \hat{B} + \hat{C} + \hat{D} = 360°$.

II) Diagonais:

As diagonais de um trapézio isósceles são congruentes. (E reciprocamente).

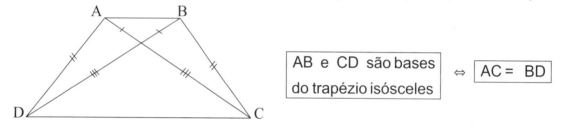

$\boxed{\text{AB e CD são bases do trapézio isósceles}} \Leftrightarrow \boxed{AC = BD}$

III) Ângulos de uma mesma base no trapézio isósceles: Os ângulos de uma mesma base de um trapézio isósceles são congruentes. (E reciprocamente).

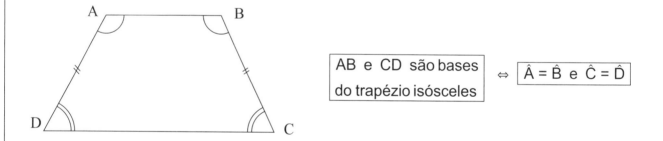

$\boxed{\text{AB e CD são bases do trapézio isósceles}} \Leftrightarrow \boxed{\hat{A} = \hat{B} \text{ e } \hat{C} = \hat{D}}$

Paralelogramos

Definição: Um quadrilátero é um paralelogramo se, e somente se, os lados opostos são paralelos.

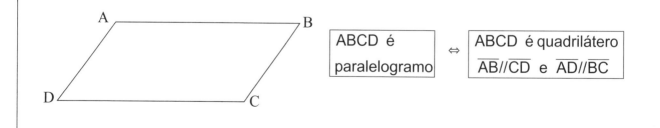

$\boxed{\text{ABCD é paralelogramo}} \Leftrightarrow \boxed{\text{ABCD é quadrilátero } \overline{AB}//\overline{CD} \text{ e } \overline{AD}//\overline{BC}}$

Retângulo: Um quadrilátero é um retângulo se, e somente se, os seus ângulos são congruentes entre si.

(Como $\hat{A} + \hat{B} + \hat{C} + \hat{D} = 360°$, temos: $\hat{A} + \hat{B} + \hat{C} + \hat{D} = 360°$)

ABCD é retângulo ⇔ ABCD é quadrilátero
$\hat{A} = \hat{B} = \hat{C} = \hat{D} = 90°$

Obs: Prova-se que todo retângulo é também um paralelogramo.

Isto é: lados oposto são paralelos.

Losango: Um quadrilátero é um losango se, e somente se, os lados são congruentes entre si.

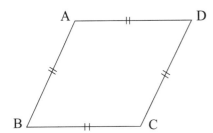

ABCD é losango ⇔ ABCD é quadrilátero,
$AB = BC = CD = AD$

Obs: Prova-se que todo losango é também paralelogramo.

Isto é: os lados opostos são paralelos.

Quadrado: Um quadrilátero é um quadrado se, e somente se, os ângulos são congruentes entre si e os lados são congruentes entre si.

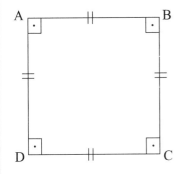

ABCD é quadrado ⇔ ABCD é quadrilátero,
$\hat{A} = \hat{B} = \hat{C} = \hat{D} = 90°$
$AB = BC = CD = AD$

Obs:

1) Prova-se que todo quadrado é também um paralelogramo.

Isto é: os lados opostos são paralelos

2) Podemos definir quadrado dos seguintes modos:

I) Quadrado é o retângulo que tem lados congruentes.

II) Quadrado é o losango que tem ângulos congruentes.

III) Quadrado é o quadrilátero que é retângulo e losango ao mesmo tempo.

Sendo r // s , a // b , c // d , e // f e g // h , todos quadriláteros sombreados são paralelogramos.

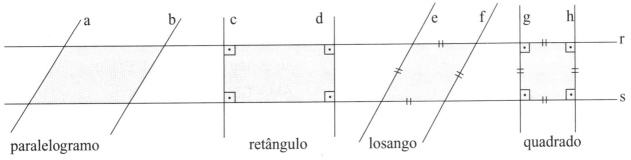

paralelogramo   retângulo   losango   quadrado

Alturas de um paralelogramo

As distâncias entre os pares de lados opostos de um paralelogramo são chamadas alturas desse paralelogramo.

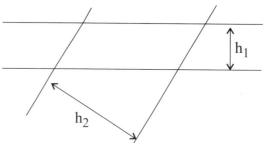

Propriedades

I) Lados opostos

Lados opostos de um paralelogramo são congruentes (e reciprocamente).

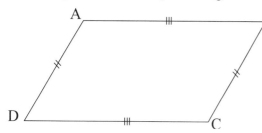

ABCD é um paralelogramo ⇒ AB = CD e AD = BC

Obs: Esta propriedade também é válida para o retângulo, losango e quadrado.

II) Ângulos opostos e ângulos consecutivos

Ângulos opostos de um paralelogramo são congruentes (e reciprocamente).

Ângulos consecutivos de um paralelogramo são suplementares (e reciprocamente).

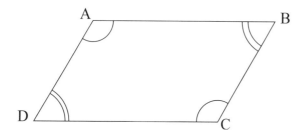

Note que cada par de ângulos consecutivos são dois ângulos colaterais internos formado por duas paralelas e uma transversal, então são suplementares. Logo:

$\hat{A} + \hat{D} = 180°$, $\hat{A} + \hat{B} = 180°$ ⇒

$\hat{A} + \hat{D} = \hat{A} + \hat{B}$ ⇒ $\hat{D} = \hat{B}$

Da mesma forma obtemos que $\hat{A} = \hat{C}$. Então:

$$\boxed{\hat{A} + \hat{B} = \hat{B} + \hat{C} = \hat{C} + \hat{D} = \hat{A} + \hat{D} = 180°}$$ e $$\boxed{\hat{A} = \hat{C} \text{ e } \hat{B} = \hat{D}}$$

Obs: Esta propriedade também é valida para o retângulo, losango e quadrado.

III) Ponto médio das diagonais

Em todo paralelogramo, as diagonais se cortam ao meio (e reciprocamente).

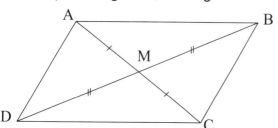

As diagonais de um paralelogramo ABCD se cortam no ponto M. Então:

AM = CM e BM = DM.

Obs: Esta propriedade também é válida para o retângulo, losango e quadrado.

IV) Diagonais do retângulo

As diagonais de um retângulo são congruentes.

(A recíproca dessa propriedade é: Se um paralelogramo tem diagonais congruentes, então ele é um retângulo).

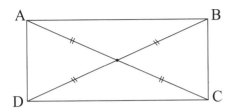

ABCD e um retângulo $\Rightarrow$ AC = BD

Obs: Esta propriedade também é valida para o quadrado.

V) Diagonais do losango

As diagonais de um losango são perpendiculares e são bissetrizes dos ângulos opostos.

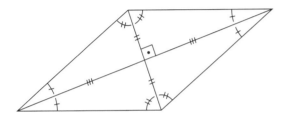
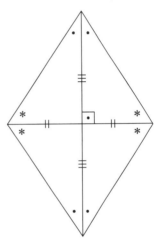

Obs: Esta propriedade também é valida para o quadrado.

Olhe o quadrado

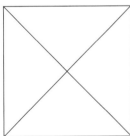
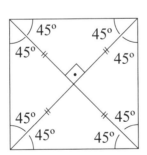

Obs: A duas alturas métricas de um losango são iguais. Para o quadrado e o retângulo as alturas são os próprios lados.

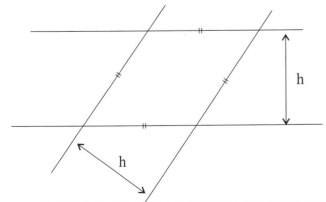
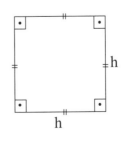
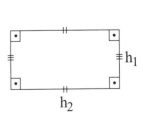

70 Um quadrilátero convexo é sempre a união de dois triângulos e como a soma dos ângulos de um triângulo é 180°, obtemos a soma dos ângulos de um quadrilátero. Completar.

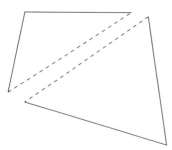 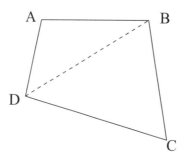

$\hat{A} + \hat{B} + \hat{C} + \hat{D} =$

71 Completar com a medida do quarto ângulo do quadrilátero, nos casos:

a) 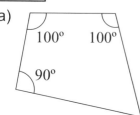 b) 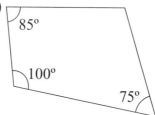 c)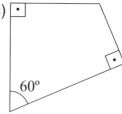

d) 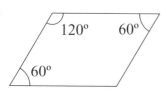 e) 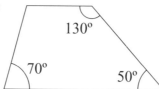 f)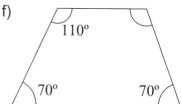

72 Como a soma de um interno com o externo adjacente, em cada vértice é 180°, se fizermos 4 · (180°) = 720°, estamos achando a soma dos internos mais a soma dos externos. Como a soma dos internos é 360°, a soma dos externos será 720° − 360°. Completar.

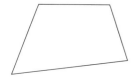 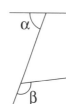

$\alpha + \beta + \gamma + \delta =$

73 Completar com a medida do quarto ângulo externos, nos casos:

a) 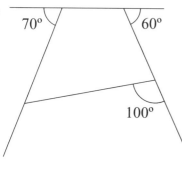 b) 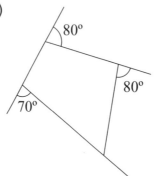 c)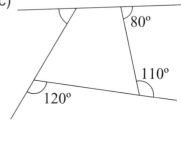

74 Em cada caso são dados três ângulos de um quadrilátero, determine o outro.

a) 90° , 90° , 90° e
b) 60° , 120° , 100° e
c) 70° , 60° , 90° e
d) 110° , 120° , 100° e
e) 60° , 70° , 80° e
f) 80° , 100° , 70° e

---

75 Em cada caso são dados três ângulos externos de um quadrilátero, um em cada vértice, determine a medida do quarto ângulo externo.

a) 90° , 90° , 90° e
b) 100° , 110° , 80° e
c) 60° , 100° , 110°
d) 70° , 80° , 90° e
e) 100° , 100° , 100° e
f) 95° , 85° , 90° e

---

76 Em todo trapézio, como as bases são paralelas, os seus ângulos formam dois pares de ângulos colaterais que são suplementares. Dados dois ângulos de um trapézio indicar as medidas dos outros dois, nos casos:

a)
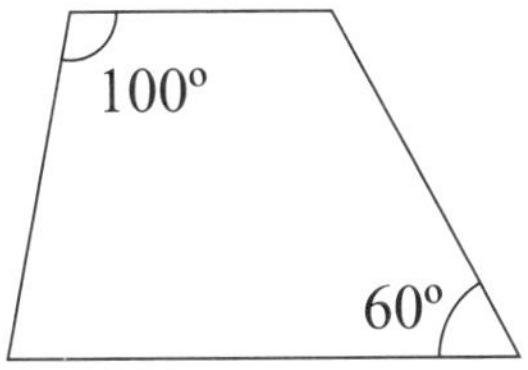

b)
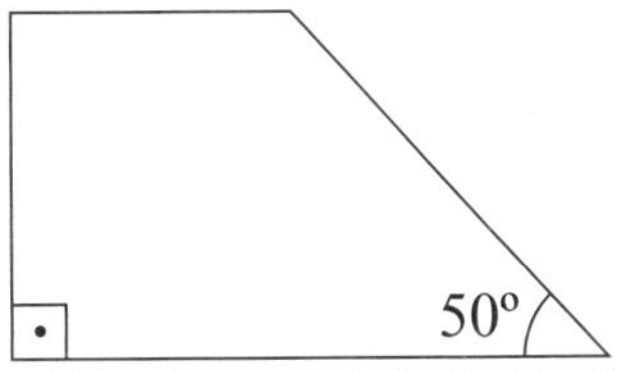

c)
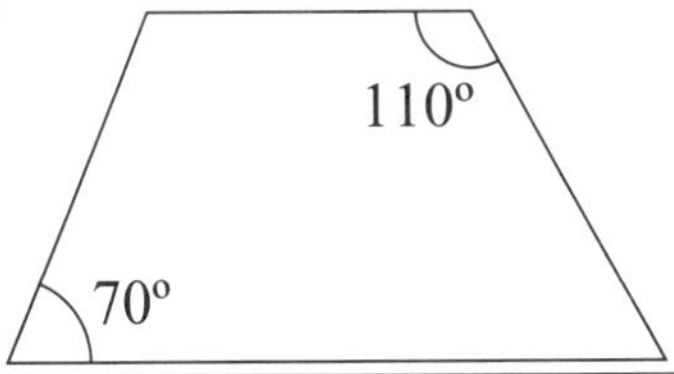

---

77 Em cada caso temos um trapézio isósceles. Dado um ângulo indicar as medidas dos outros.

a)
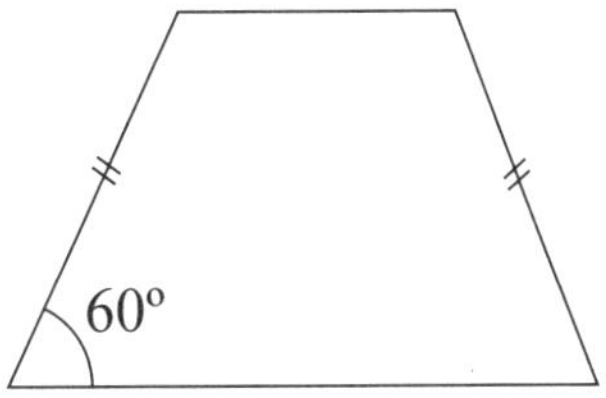

b)
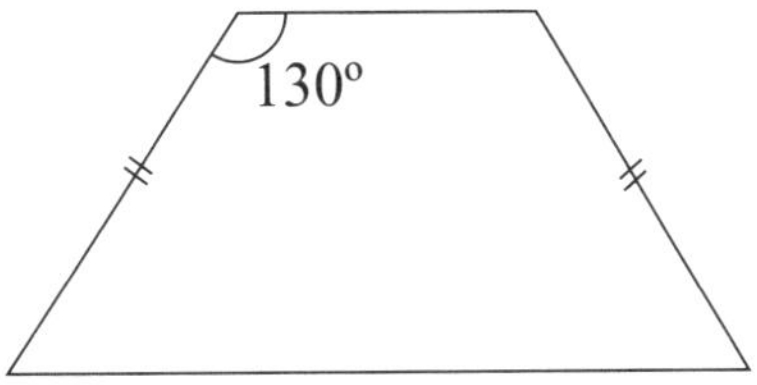

c)
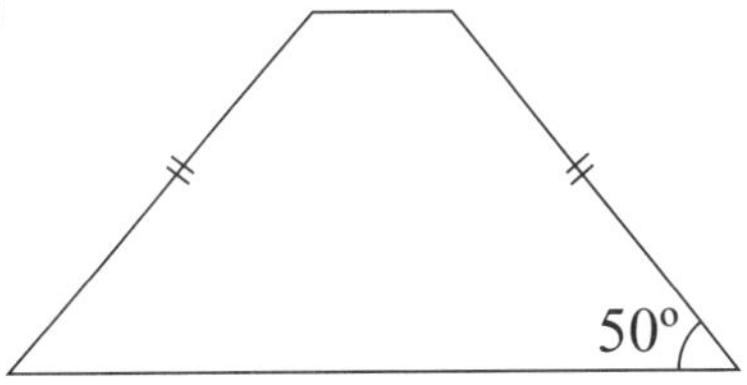

---

78 Em cada caso são dados as medidas de dois ângulos opostos de um trapézio. Determine as medidas dos outros dois:

a) 60° e 100° ,
b) 60° e 120° ,
c) 20° e 120° ,
d) 40° e 110° ,
e) 70° e 40°
f) 10° e 5° ,

---

79 Em cada caso é dada a medida de um ângulo de um trapézio isósceles. Determine os outros.

a) 40° ,
b) 60° ,
c) 100° ,
d) 150° ,
e) 150° ,
f) 10° ,

---

80 Como dois ângulos opostos de um paralelogramo formam com um outro dois pares de ângulos colaterais internos, que neste caso são suplementares, concluímos que dois opostos são congruentes. Dado o paralelogramo abaixo, completar.

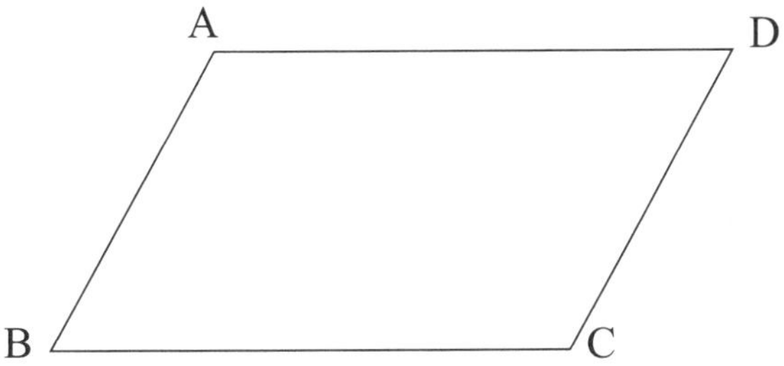

$\hat{A}$ ____ $\hat{C}$　　$\hat{B}$ ____ $\hat{D}$

$\hat{A}$ ____ $\hat{B}$　　$\hat{B}$ ____ $\hat{C}$

$\hat{C}$ ____ $\hat{D}$　　$\hat{A}$ ____ $\hat{D}$

81 Em cada caso é dado um paralelogramo, indicar na figura as medidas dos outros ângulos.

a) 80° b) 130° c) ⌐

d) 70° e) 120° f) 55°

82 Em cada caso é dado um ângulo de um paralelogramo. Determine as medidas dos outros.

a) 60°,
b) 40°,
c) 100°,
d) 130°,
e) 150°,
f) 5°,

83 Dados três ângulos de um quadrilátero, obter o quarto ângulo, nos casos:

Obs: É para fazer o transporte de ângulo com régua o compasso e **não** com transferidor.

a)

b)

84 Construir um quadrilátero ABCD dado um esboço e algumas medidas. A unidade das medidas dos segmentos, indicadas na figura, é o cm.

a)

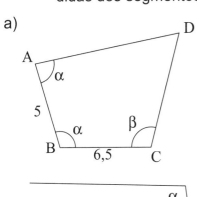

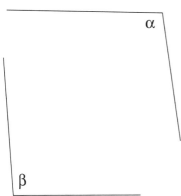

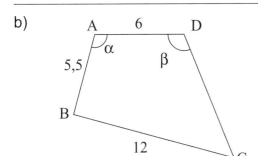

b)

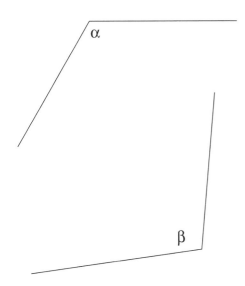

85 Dado o esboço construir o quadrilátero, nos casos:

a)

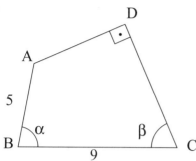

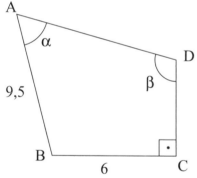

B ⊢―――――――――――――――⊣ C

b)

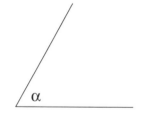

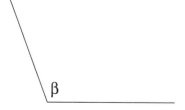

B ⊢―――――――――⊣ C

86 De acordo com o esboço construir o quadrilátero ABCD, nos casos:

a)
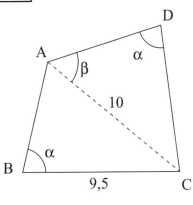
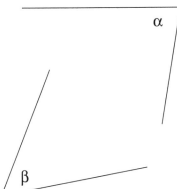

b)
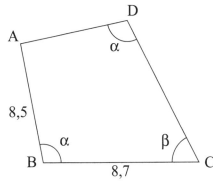
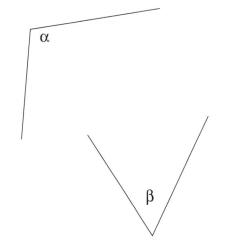

87 Construir um trapézio ABCD de bases AB e CD, dado esboço, nos casos:

Obs: As retas paralelas e perpendiculares podem ser traçadas com esquadros.

a)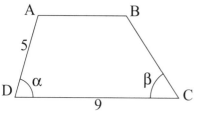

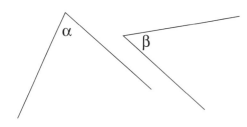

b)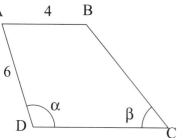

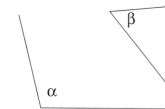

c)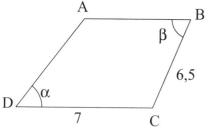

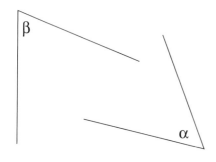

88 Construir um trapézio ABCD de bases AB e CD, dado o esboço, nos casos. (Paralelas e perpendiculares com esquadros).

a)
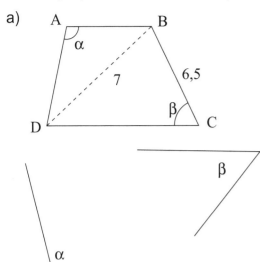

b)
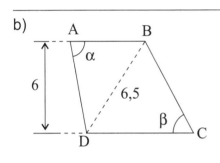
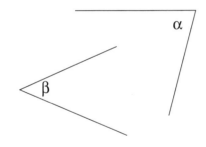

c)
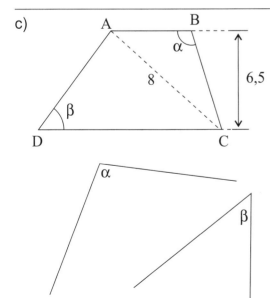

89 Construir um trapézio retângulo de bases AB e CD com AD perpendicular às bases, dado o esboço, nos casos:

a)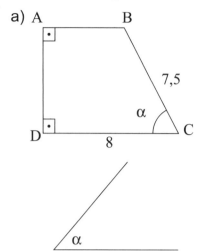

b)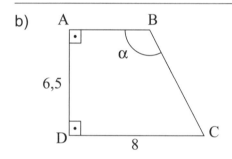

c)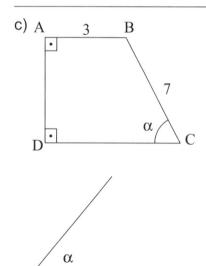

90 Construir um trapézio retângulo de bases AB e CD com AD perpendicular às bases, dado o esboço, nos casos:

a)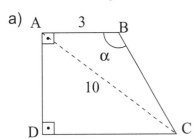

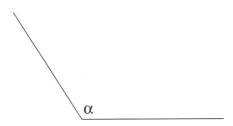

b)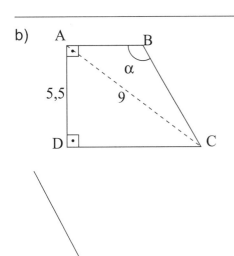

c)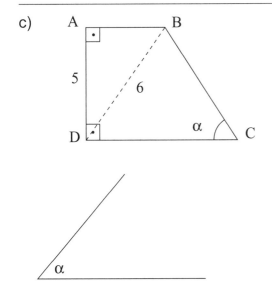

91 Construir um trapézio isósceles ABCD de bases AB e CD, dado o esboço, nos casos: (paralelas e perpendiculares com esquadros).

a)
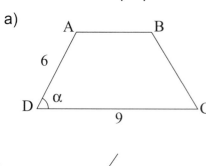
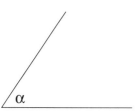

b)
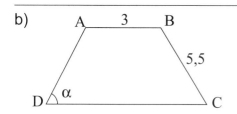
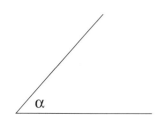

c)
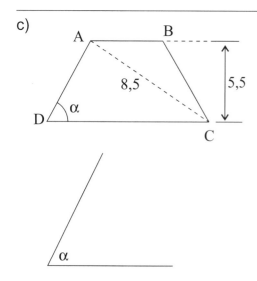

92 Construir um trapézio isósceles ABCD de bases AB e CD, dado o esboço, nos casos: (paralelas e perpendiculares com esquadros).

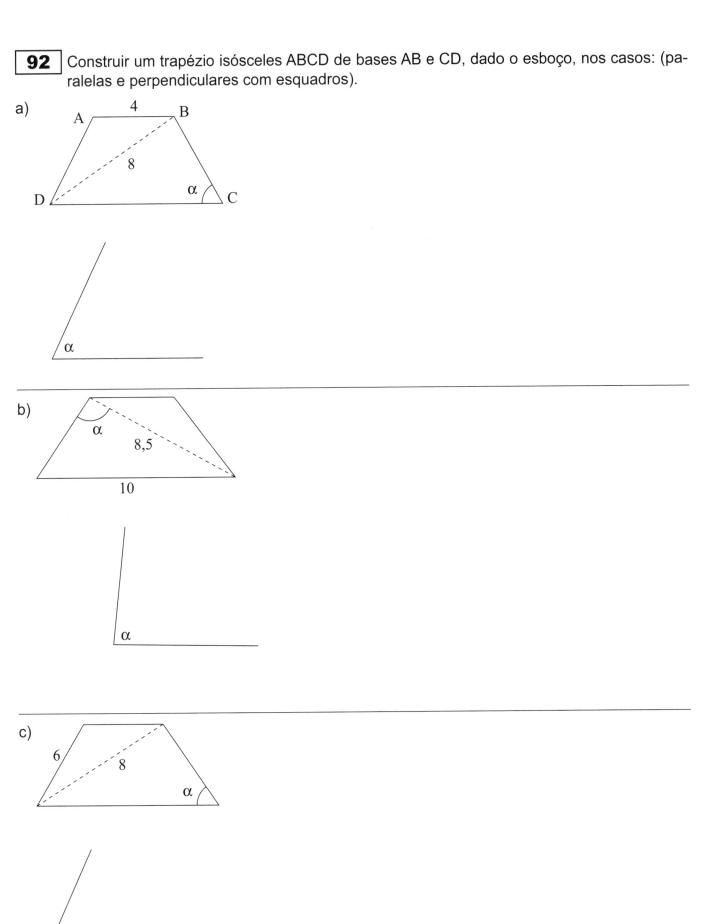

93 Construir um paralelogramo, nos casos:

Obs: O transporte de ângulos, bissetriz e mediatriz devem ser feitos com régua e compasso.

a)
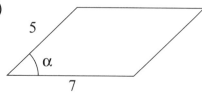

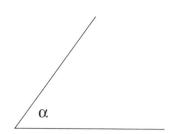

b) Esboço
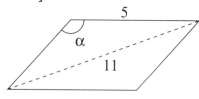

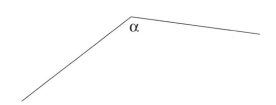

c) As diagonais medem 5 cm e 11 cm e formam um ângulo α.

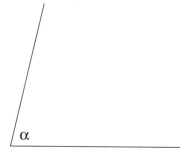

94 Construir um paralelogramo, nos casos.

a) Dados um ângulo α, uma altura **h** e a diagonal maior **d**.

   h = 3,5 cm
   d = 10 cm

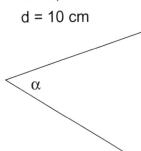

b) Dados um ângulo α, uma altura **h** e a diagonal menor **d**.

   h = 4,5 cm
   d = 5,5 cm

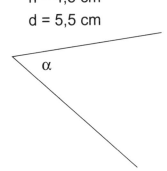

c) Dados as alturas **h** e **f** e um ângulo α.

   h = 3,5 cm
   f = 6,5 cm

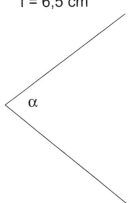

95 Construir um retângulo, nos casos.

a) Dados um lado a e o ângulo α que a diagonal forma com ele.
   a = 7 cm

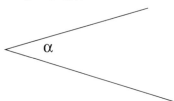

b) Dados um lado a e o ângulo α que a diagonal forma com o outro lado.
   b = 3 cm

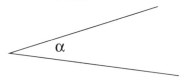

c) Dados um lado a e o ângulo α, entre as diagonais, oposto ao outro lado.
   a = 6 cm

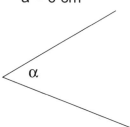

d) Dados um lado a e o ângulo α, entre as diagonais, oposto a ele.
   a = 4 cm

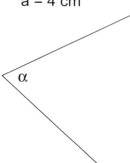

96 Construir um losango, nos casos.

a) Dados o lado a e um ângulo α

   a = 5,5 cm

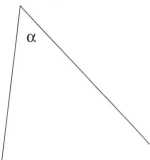

b) Dados a altura **h** e um ângulo α

   h = 3,5 cm

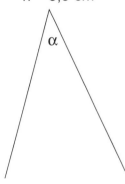

c) Dados um ângulo α e a diagonal maior **d**.

   d = 10 cm

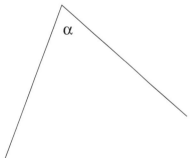

97 Construir um losango, nos casos:

a) Dados um ângulo α e a diagonal menor **d**.
   d = 5 cm

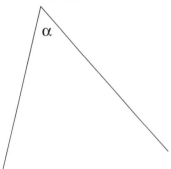

b) A altura **h** e uma diagonal **d**.
   h = 3,5 cm
   d = 10 cm

c) As diagonais **d** e **f**
   d = 5 cm
   f = 10 cm

98 Desafio: Construir um trapézio retângulo dadas a altura **h** e a base maior **b**, sabendo que a diagonal menor é perpendicular ao lado, oblíquo às bases. Sabe-se que esse lado é o maior possível.

b = 10 cm

h = 4,5 cm

Esboço:

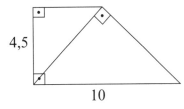

99 Desafio: Construir um trapézio retângulo com bases **a** e **b**, sabendo que a diagonal menor é perpendicular ao oblíquo as bases.

a = 3,5 cm

b = 11 cm

Esboço:

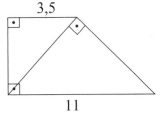

100 Construir um ângulo com a medida dada, nos casos:

a) 60°

b) 120°

c) 30°

d) 15°

e) 90° (Fazer 60° + 30°)

f) 45°

g) 22°30'

h) 75°

101 Construir um losango nos casos:

a) Um ângulo de 60° e lado com 35 mm
Esboço:

b) Um ângulo de 60° e diagonal menor com 3,8 cm
Esboço:

c) Um ângulo de 30° e diagonal maior com 8 cm
Esboço:

d) Um ângulo de 30° e diagonal menor com 3 cm
Esboço:

102 Dados o ponto P e a reta r, traçar a reta que passa por P e é paralela à reta r, nos casos:

Sugestão: Tomar dois pontos aleatórios, convenientemente escolhidos, sobre r, de modo que eles sejam dois vértices consecutivos de um paralelogramo onde P é o terceiro vértice, determinar o **quarto** vértice **x** do paralelogramo e traçar a reta PX.

a) Os pontos já foram tomados.

b)

c)

d)

103 Dados o ponto **P** e uma reta **s**, traçar uma reta que passa por P e forma o ângulo dado α com a reta **s**, nos casos:

a)

b) $\alpha = 45°$

104 Construir um quadrado ABCD, nos casos:

a) Dados o lado AB.

b) Dado a diagonal AC

c) Dados dois pontos que estão sobre os lados adjacentes a um lado que está sobre a reta **r** dada.

d) Dada uma reta r que contém um lado e dados dois pontos de lados, um sobre o lado oposto ao de **r**.

e) Dada uma reta **r** que contém um lado e dados um ponto P sobre uma diagonal e um ponto **Q** sobre um lado adjacente ao que está em r.

f) Dados o vértice **B**, um ponto **P** sobre o lado AD e um ponto **Q** sobre o lado CD.

105 Construir um quadrilátero ABCD, com $\hat{B} = 90$ e $\hat{C} = 120°$, nos casos:

a) BC = 4 cm, CD = 6,5 cm, AD = 7,8 cm

b) BC = 3,5 cm, CD = 7 cm, AD = AC

c) $\overline{AC}$ é bissetriz de $\hat{C}$, AC = 7 cm e AD = CD.

d) BC = 4 cm, as diagonais são perpendiculares e $\overline{AC}$ corta $\overline{BD}$ ao meio.

106 Construir um quadrilátero ABCD, nos casos:

a) Â = 90°, B̂ = 60°, AB = 7 cm, AC = BC e as diagonais são perpendiculares.

b) AB = 6 cm, BC = 7 cm, AD = 6,5 cm B̂ = 90° e $\overline{BD}$ é perpendicular a $\overline{CD}$.

c) AB = 5,7 cm, BC = 9 cm, Â = 90°, B̂ = 60° e $\overline{BD}$ é perpendicular a $\overline{CD}$.

d) Â = 60°, D̂ = 135°, AB = 10 cm, AC = BC e $\overline{AD}$ e $\overline{BC}$ estão em retas perpendiculares.

107 Construir um trapézio retângulo de altura h = 3,5 cm , nos casos:

a) As bases medem 4 cm e 10 cm.
Esboço:

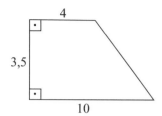

b) A base menor mede 4,5 cm e o lado oblíquo às bases 5,5 cm.
Esboço:

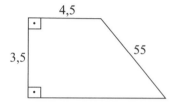

c) Uma base mede 6 cm e o lado oblíquo às bases mede 4,5 cm
Esboço:

d) As diagonais medem 7 cm e 10 cm
Esboço:

108 Construir um trapézio retângulo, nos casos:

a) A diagonal menor mede 5 cm, a base maior 10,5 cm e o lado oblíquo às bases 8 cm.
Esboço:

b) As diagonais maior mede 11 cm, a base menor 5 cm e o lado oblíquo às bases 7 cm.
Esboço:

c) A altura mede 4 cm, a diagonal menor 4,3 cm e sabendo que a base maior é congruente ao lado oblíquo às bases.
Esboço:

d) As bases medem 3,5 cm e 9,5 cm e uma diagonal 6 cm.
Esboço:

109 Construir um trapézio retângulo nos casos:

a) As bases medem 4 cm e 7 cm e o lado oblíquo às bases mede 5,5 cm.

b) A base menor mede 3,5 cm, a diagonal menor 6,8 cm e o lado oblíquo as bases é congruente à base maior.

c) As bases medem 4,5 cm e 6,5 cm e a diagonal maior é bissetriz do ângulo agudo.

d) As bases medem 3 cm e 7 cm e a diagonal menor é bissetriz do ângulo obtuso.

110 Construir um trapézio retângulo, nos casos:

a) As bases medem 3 cm e 10 cm e uma diagonal é perpendicular ao lado oblíquo as bases.

b) A diagonal menor mede 6,6 cm, a soma das bases 12,5 cm e as diagonais são perpendiculares.

c) A base menor mede 4,5 cm, a altura 3,5 cm e as diagonais formam um ângulo, oposto as bases, de 120°.

111 Construir um trapézio isósceles, nos casos:

a) As bases medem 6 cm e 10 cm e a altura 5 cm.

b) As bases medem 5 cm e 9,5 cm e o lado oblíquo as bases 6 cm.

c) As bases medem 5 cm e 8 cm e a diagonal 8,5 cm.

112 Construir um trapézio isósceles com bases de 4,5 cm e 8 cm e diagonais perpendiculares.

113 Construir um trapézio escaleno nos casos:

a) A base mede 3,5 cm, a altura 4,5 cm, a diagonal menor 7 cm, a diagonal maior 10 cm e os ângulos da base maior são agudos.

b) A base menor mede 2 cm, a altura 4,6 cm, as diagonais 5,2 cm e 12 cm e a base maior com um ângulo obtuso e o outro agudo.

114 Construir um trapézio escaleno, nos casos:

a) As bases medem 4,5 cm e 12,5 cm e os lados oblíquos às bases 6 cm e 8 cm.

b) As bases medem 4 cm e 8 cm e as diagonais 6,2 cm e 11 cm.

c) Os ângulos da base maior medem 30° e 120°, a base maior mede 10 cm e a menor 5,5 cm.

115 Construir um losango, nos casos:

a) A altura mede 4 cm e o lado 4,5 cm.

b) A altura mede 5 cm e uma diagonal 9 cm.

116 Construir um paralelogramo, nos casos:

a) Um lado mede 4,5 cm, a altura relativa ao outro 3,7 cm e a diagonal maior 11 cm.

b) A alturas medem 3,5 cm e 6 cm e o maior lado 7 cm.

Impressão e Acabamento
Bartira
Gráfica
(011) 4393-2911